茶经诵读

[唐]陆羽 著

沈冬梅 霍艳平 校注

陕西师范大学出版总社　西安

图书代号 SK24N2531

图书在版编目（CIP）数据

茶经诵读 / (唐) 陆羽著 ; 沈冬梅, 霍艳平校注.
西安 : 陕西师范大学出版总社有限公司, 2025. 1.
ISBN 978-7-5695-5118-1

Ⅰ. TS971.21

中国国家版本馆CIP数据核字第2024Y1G769号

茶经诵读
CHAJING SONGDU
（唐）陆羽 著 沈冬梅 霍艳平 校注

出 版 人 / 刘东风
出版统筹 / 侯海英 曹联养
责任编辑 / 付玉肖
责任校对 / 马康伟
装帧设计 / 安 梁
出版发行 / 陕西师范大学出版总社
（西安市长安南路199号 邮政编码 710062）
网 址 / http://www.snupg.com
印 刷 / 西安五星印刷有限公司
开 本 / 720 mm × 1020 mm 1/16
印 张 / 9.75
字 数 / 95千
版 次 / 2025年1月第1版
印 次 / 2025年1月第1次印刷
书 号 / ISBN 978-7-5695-5118-1
定 价 / 46.00元

读者购书、书店添货或发现印装质量问题，请与本公司营销部联系、调换。
电话：(029) 85307864 85303629 传真：(029) 85303879

前言

中国是茶的故乡，是世界茶文化的发源地，茶文化是中华传统文化的重要一支。我们的祖先在六千年前就发现并开始利用茶。茶叶深深融入中国人的生活，成为传承中华文化的重要载体。茶被誉为中国的国饮，是一种贯穿古今、中外认可的体现中华民族身份的物品。茶叶通过陆上海上丝绸之路、茶叶之路等通道传播到世界各地，穿越历史、跨越国界，深受世界各国人民喜爱。

唐代陆羽所著的《茶经》是世界上第一部茶学专著，是一部系统阐述茶叶科学知识、生产实践、品饮技艺、器用程式和历史文化等内容的百科全书式著作。《茶经》是中华传统文化的一部重要经典，是茶学研究与茶文化传播的重要文献，也是茶学专业学生及茶文化爱好者必读的文献。

《茶经》成书于唐代，其内容丰富，有很多专业用语，一般读者阅读有一定难度。2015 年，我们针对《茶经》的诵读进行研究，为其注音并进行标准朗诵录音，给读者呈现了一本大家能顺利阅读的《茶经诵读》读本。其意义有三：一是通过专业研究为大家呈现一本通俗易读的《茶经》，让沉睡在纸面上的文字活跃起来，帮助大家正确诵读。二是在诵读过程中引导读者学习经典的方法。诵读过程不仅是心与眼的学习，更是心、眼、口、耳并用的全面的全身心投入的学习。三是在诵读经典的过程中学习茶的知识与文化，同时学习古人研习学问的执着精神。

三年多来，《茶经诵读》在北京的中小学得到大力推广，并在全国的一些高等院校、茶文化界获得认可和使用。本次修订，除了修改初版中的个别排校错误，还根据编者对大中小学使用《茶经诵读》读者问卷调查所反馈的信息，增加了注释内容和白话今译，以更大程度地满足读者的需求。本次修订版所附音频，由中国儿童艺术剧院国家一级演员马彦伟倾情朗读，北京市东城区少年宫信息部王磊老师精心制作。

生命的成长离不开阳光，人的成长需要文化的滋润。文化是一个国家、一个民族的灵魂，茶是中华民族五千多年文明历史所孕育的中华优秀传统文化之一。作为中国人，我们拥有灿烂的传统文化，继承与发展中华传统文化是每一个中国人的使命，拥有这些文化也是我们所继承并传递的生命中的文化基因。希望以《茶经诵读》为载体，在大中小学开展茶文化经典诵读工程，通过诵读《茶经》等茶文化经典，推动中华茶文化的传播和弘扬。

2018年7月10日于北京

凡例

一、本书《茶经》原文，使用沈冬梅《茶经校注》校订版（中国农业出版社，2006）所校订之文，以中国国家图书馆藏南宋左圭编咸淳九年（1273）刊百川学海本《茶经》为底本，参校日本宫内厅书陵部藏百川学海本、明嘉靖柯双华竟陵刻本等20多种版本。

二、一般讹误字经版本校勘后径改，不出校。重要删、改文字，在注释中说明校勘情况。

三、原文所增补字以“[ ]”括示。

四、宋代以下的避讳字，一律径改。

五、原文中原有注音用古音而与今音不同者，如“籝”注音“加追反”，仍然保留其原注，在注释中予以说明。

六、由于多数原有注释文字破句，原文所加注释文字不诵读，文本中原注释以不同颜色字体括示。

七、“一”“不”等个别文字，注音只有一种，但在文句中与不同的字词组读时读音有多种。如“一”：单独时读第一声；在第四声前面读第二声，如“一个”；在第一、二、三声前面读第四声，如“一起”“一瓶”“一生”。这种现象语言学上叫“语流音变”。

目录

茶 chá
经 jīng
唐 táng
竟 jìng
陵 líng
陆 lù
羽 yǔ
撰 zhuàn
卷 juàn
上 shàng

一之源

茶[1]者，南方[2]之嘉木[3]也。一尺[4]、二尺乃至数十尺[5]。其巴山峡川[6]，有两人合抱者，伐[7]而掇[8]之。其树如瓜芦[9]，叶如栀子[10]，花如白蔷薇[11]，实如栟榈[12]，蒂[13]如丁香[14]，根如胡桃[15]。（瓜芦木出广州[16]，似茶，至苦涩。栟榈，蒲葵[17]之属，

qí zǐ sì chá hú táo yǔ chá gēn jiē xià yùn zhào zhì
其子似茶。胡桃与茶，根皆下孕[18]，兆[19]至

wǎ lì miáo mù shàng chōu
瓦砾[20]，苗木上抽[21]）

qí zì huò cóng cǎo huò cóng mù huò cǎo mù
其字，或从草，或从木，或草木

bìng cóng cǎo dāng zuò chá qí zì chū kāi yuán
并。（从草，当作“茶”，其字出《开元

wén zì yīn yì cóng mù dāng zuò chá qí zì
文字音义》[22]；从木，当作“樣”，其字

chū běn cǎo cǎo mù bìng zuò tú qí zì chū
出《本草》[23]；草木并，作“荼”，其字出

ěr yǎ
《尔雅》[24]）

qí míng yī yuē chá èr yuē jiǎ sān yuē shè
其名，一曰茶，二曰槚[25]，三曰蔎[26]，

sì yuē míng wǔ yuē chuǎn zhōu gōng yún
四曰茗[27]，五曰荈[28]。（周公云[29]：

jiǎ kǔ tú yáng zhí jǐ yún shǔ xī nán rén wèi
“槚，苦荼。”扬执戟云[30]：“蜀西南人谓

tú yuē shè guō hóng nóng yún zǎo qǔ wéi tú wǎn
荼曰蔎。”郭弘农云[31]：“早取为荼，晚

qǔ wéi míng huò yī yuē chuǎn ěr
取为茗，或一曰荈耳。”）

qí dì shàng zhě shēng làn shí zhōng zhě shēng lì
其地，上者生烂石[32]，中者生砾

rǎng xià zhě shēng huáng tǔ fán yì ér bù shí
壤[33]，下者生黄土[34]。凡艺[35]而不实[36]，

zhí ér hǎn mào fǎ rú zhòng guā sān suì kě cǎi yě
植而罕茂[37]，法如种瓜[38]，三岁可采。野

zhě shàng yuán zhě cì yáng yá yīn lín zǐ zhě shàng
者上，园者次。阳崖[39]阴林[40]，紫者上，

lǜ zhě cì sǔn zhě shàng yá zhě cì yè juǎn shàng
绿者次[41]；笋者上，牙者次[42]；叶卷上，

yè shū cì yīn shān pō gǔ zhě bù kān cǎi duō
叶舒次[43]。阴山坡谷[44]者，不堪[45]采掇[46]，

xìng níng zhì jié jiǎ jí
性凝滞[47]，结瘕[48]疾。

chá zhī wéi yòng wèi zhì hán wéi yǐn zuì yí jīng
茶之为用，味至寒[49]，为饮，最宜精

xíng jiǎn dé zhī rén ruò rè kě níng mèn nǎo téng mù
行俭德之人[50]。若热渴、凝闷，脑疼、目

sè sì zhī fán bǎi jié bù shū liáo sì wǔ chuò
涩，四支[51]烦[52]、百节不舒，聊[53]四五啜，

yǔ tí hú gān lù kàng héng yě
与醍醐、甘露[54]抗衡也。

cǎi bù shí zào bù jīng zá yǐ huì mǎng yǐn zhī chéng
采不时，造不精，杂以卉莽，饮之成

jí chá wéi lèi yě yì yóu rén shēn shàng zhě shēng shàng
疾。茶为累[55]也，亦犹人参。上者生上

dǎng zhōng zhě shēng bǎi jì xīn luó xià zhě shēng
党[56]，中者生百济[57]、新罗[58]，下者生

gāo lì yǒu shēng zé zhōu yì zhōu yōu zhōu tán
高丽[59]。有生泽州[60]、易州[61]、幽州[62]、檀

zhōu zhě wéi yào wú xiào kuàng fēi cǐ zhě shè fú jì
州[63]者，为药无效，况非此者？设服荠

nǐ shǐ liù jí bù chōu zhī rén shēn wéi lèi zé chá
苨[64]，使六疾[65]不瘳[66]。知人参为累，则茶

lèi jìn yǐ
累尽矣。

注释

1. 茶：植物名，山茶科，多年生深根常绿植物。有乔木型、半乔木型和灌木型之分。叶子长椭圆形，边缘有锯齿。秋末开花。种子棕褐色，有硬壳。嫩叶加工后即为可以饮用的茶叶。

2. 南方：唐贞观元年（627）时分天下为十道，南方泛指山南道、淮南道、江南道、剑南道、岭南道所辖地区，基本与现今中国一般以秦岭—淮河以南地区为南方相一致，包括四川、重庆、湖北、湖南、江西、安徽、江苏、上海、浙江、福建、广东、广西、贵州、云南（唐时为南诏国）诸省市区，以及陕西、河南两省的南部，皆为唐代的产茶区，亦是中国今日之产茶区。

3. 嘉木：美好的树木，优良树木。屈原《楚辞·九章·橘颂》云：“后皇嘉树。”嘉，同“佳”，美好。陆羽称茶为嘉木，北宋苏轼称茶为嘉叶，都是夸赞茶的美好。

4. 尺：古尺与今尺量度标准不同，唐尺有大尺和小尺之分，一般用大尺，

传世或出土的唐代大尺一般都在 30 厘米左右，比今尺略短一些。

5. 数十尺：高几米乃至十几米的大茶树。在中国西南地区（云南、四川、贵州）发现了众多的野生大茶树，它们一般树高几米到十几米不等，最高的达二三十米，树龄多在一两千年以上。云南澜沧拉祜自治县“千年古茶树”树高十一点八米；云南勐海县“南糯山茶树王”（当地称“千年茶树王”，现已枯死）树高五点四五米。

6. 巴山峡川：巴山，又称大巴山。广义的大巴山指绵延四川、重庆、甘肃、陕西、湖北边境山地的总称，狭义的大巴山，在汉江支流任何谷地以东，重庆、陕西、湖北三省市边境。峡，一指巫峡山，即重庆、湖北交界处的三峡，二指峡州，在三峡口，治所在今宜昌。故此处巴山峡川指重庆东部、湖北西部地区。

7. 伐：砍斫、砍削树木及其枝条为伐。

8. 掇：采取。

9. 瓜芦：又名皋芦，分布于中国南方的一种叶似茶叶而味苦的树木。晋代就有南方人用皋芦煎煮饮用。北宋唐慎微《证类本草》载：“瓜芦木……一名皋芦，而叶大似茗，味苦涩，南人煮为饮，止渴、明目、除烦、不睡、消痰，和水当茗用之。”明李时珍《本草纲目》云：“皋芦，叶状如茗，而大如手掌，挼（ruó）碎泡饮，最苦而色浊，风味比茶不及远矣。”

10. 栀子：属茜草科，常绿灌木或小乔木，夏季开白花，有清香，叶对生，长椭圆形，近似茶叶。

11. 白蔷薇：属蔷薇科，落叶灌木，枝茂多刺，高四五尺，夏初开花，花五瓣而大，花冠近似茶花。

12. 栟榈：即棕榈，属棕榈科。核果近球形，淡蓝黑色，有白粉，近似茶籽内实而稍小。

13. 蒂：花或瓜果与枝茎相连的部分。

14. 丁香：一属常绿乔木，又名鸡舌香、丁子香。叶子长椭圆形，花淡红色，果实长球形。生在热带地方。花供药用，种子可榨丁香油，做芳香剂。种仁由两片形状似鸡舌的子叶抱合而成。一属落叶灌木或小乔木。叶卵圆形或肾脏形，花紫色或白色，春季开，有香味。花冠长筒状，果实略扁。在中国多生在北方。

15. 胡桃：属核桃科，深根植物，与茶树一样主根向土壤深处生长，根深常达二三米以上。

16. 广州：今属广东。三国吴黄武五年（226）分交州置，治广信县（今广西梧州）。不久废。永安七年（264）复置，治番禺（今属广东）。统辖十郡，南朝后辖境渐缩小。隋大业三年（607）改为南海郡。唐武德四年（621）复为广州，后为岭南道治所，天宝元年（742）改为南海郡，乾元元年（758）复为广州，乾宁二年（895）改为清海军。

17. 蒲葵：属棕榈科，常绿乔木，叶大，大部分掌状分裂，可做扇子，裂片长披针形，圆锥花序，生在叶腋间，花小，果实椭圆形，成熟时黑色。生长在热带和亚热带地区。

18. 下孕：植物根系在土壤中往地下深处发育滋生。

19. 兆：《说文》云“灼龟坼（chè）也”，本意龟裂，指古人占卜时烧灼甲骨呈现裂纹，这里作“裂开”解。

20. 瓦砾：破碎的砖头瓦片，引申为硬土层。

21. 上抽：向上萌发生长。

22.《开元文字音义》：唐玄宗开元二十三年（735）编成的一部官修字书，共有三十卷，已佚，清代黄奭《汉学堂丛书经解·小学类》辑存一卷，汪黎庆《学术丛编·小学丛残》中亦有收录。此书中已收有“茶”字，说明在陆羽《茶经》写成之前二十五年，“茶”字已经被收录在官修字书当中。

23.《本草》：指唐高宗显庆四年（659）李勣、苏敬等人所撰的《新修本草》（今称《唐本草》），已佚，今存北宋唐慎微《重修政和经史证类备用本草》引用。敦煌、日本有《新修本草》钞写本残卷；清傅云龙《籑喜庐丛书》之二中收有日本写本残卷，有上海群联出版社 1955 年影印本；《敦煌文献分类录校丛刊》之《敦煌医药文献辑校》中录有敦煌写本残卷，有江苏古籍出版社 1998 年版本。

24.《尔雅》：中国最早的辞书，共十九篇，为考证词义和古代名物的重要资料。古来相传为周公所撰，或谓孔子门徒解释六艺之作，实际应当是由秦汉间经师学者缀辑周汉诸书旧文，递相增益而成，非出于一时一手。《尔雅》既是中国古代的词典，也是儒家的经典之一，列入“十三经”之中。“尔”是近的意思，“雅”是正、雅言的意思，是某一时代官方规定的规范语言。“尔雅”就是近正，使语言接近官方规定的意思。

25. 槚：本意是楸树，落叶乔木。又用作茶的别名。《尔雅》第十四篇《释木》：“槚，苦荼。”

26. 蔎：本意为一种香草。又用作茶的别名。

27. 茗：北宋徐铉注《说文解字》作为新附字补入，注为“茶芽也”。三国吴陆玑《毛诗草木鸟兽虫鱼疏》卷上载：“椒树似茱萸……蜀人作茶，吴人作茗，皆合煮其叶以为香。”据此，则“茗”字作为茶名来自长江中下游，后代成为主要的茶名之一。

28. 荈：西汉司马相如《凡将篇》以“荈诧”叠用代表茶名。三国时“荼”“荈”二字连用，《三国志·吴书·韦曜传》曰：“曜素饮酒不过二升，初见礼异时，常为裁减，或密赐荼荈以当酒。”西晋杜育《荈赋》以后，“荈”字成为历代主要的茶名之一，现代已经很少用。

29. 周公云：指标名周公所撰的《尔雅》。周公，姓姬名旦，周文王姬昌之子，周武王姬发之弟，武王死后，辅佐其子成王，改定官制，制作礼乐，完备了周朝的典章文物。因其采邑在成周，故称为周公。事见《史记·鲁周公世家》。

30. 扬执戟云：指扬雄《方言》。扬执戟，即扬雄（前 53—公元 18），西汉文学家、哲学家、语言学家，字子云，蜀郡成都（今属四川）人，曾任黄门郎。汉代郎官都要执戟护卫宫廷，故称扬执戟。著有《法言》《方言》《太玄经》等著作。擅长辞赋，与司马相如齐名。《汉书》卷八七有传。按：《茶经》所引内容不见今本《方言笺疏》。

31. 郭弘农云：指郭璞《尔雅注》。郭弘农，即郭璞（276—324），字景纯，河东闻喜（今属山西）人，东晋文学家、训诂学家，曾仕东晋元帝，明帝时因直言而为王敦所杀，后赠弘农太守，故称郭弘农。博洽多闻，曾为《尔雅》《楚辞》《山海经》《方言》等书作注。《晋书》卷七二有传。郭璞注《尔雅》“槚，苦荼”云：“树小如栀子，冬生叶，可煮作羹饮。今呼早采者为荼，晚取者为茗，一名荈。蜀人名之苦荼。”

32. 烂石：碎石。山石经过长期风化以及自然的冲刷作用，山谷石隙间积聚着含有大量腐殖质和矿物质的土壤，土层较厚，排水性能好，土壤肥沃。

33. 砾壤：指砂质土壤或砂壤，土壤中含有未风化或半风化的碎石、砂粒，排水透气性能较好，含腐殖质不多，肥力中等。

34. 黄土：指黄壤，分布在热带、亚热带潮湿地区的黄色土壤，含有大量铁的氧化物，有黏性和强酸性，缺乏磷成分，含腐殖质和茶树需要的矿物元素少，肥力低。中国南方和西南都有这种土壤。

35. 艺：种植。

36. 实：结实，充满。

37. 植而罕茂：用移栽的方法栽种，很少能生长得茂盛。旧时因而称茶为“不迁”。明陈耀文《天中记》：“凡种茶树必下子，移植则不复生。”植，栽种，移栽。

38. 法如种瓜：北魏贾思勰《齐民要术》卷二《种瓜》第十四：“凡种法，先以水净淘瓜子，以盐和之。先卧锄，耧却燥土，然后掊坑。大如斗口，纳瓜子四枚、大豆三个于堆旁向阳中，瓜生数叶，掐去豆，多锄则饶子，不锄则无实。”唐末至五代韩鄂《四时纂要》卷二载种茶法：“种茶。二月中于树下或北阴之地开坎，圆三尺，深一尺，熟劚（zhú），著粪和土，每坑种六七十颗子，盖土厚一寸强，任生草，不得耘。相去二尺种一方，旱即以米泔浇。此物畏日，桑下、竹阴地种之皆可，二年外方可耘治，以小便、稀粪、蚕沙浇拥之，又不可太多，恐根嫩故也。大概宜山中带坡峻，若于平地，即须于两畔深开沟垄泄水，水浸根必死……熟时收取子，和湿土沙拌，筐笼盛之，穰草盖之，不尔即乃冻不生，至二月出种之。”其要点是精细整地，挖坑深、广各尺许，施粪作基肥，播子若干粒。这与当前茶子直播法并无多大区别。

39. 阳崖：向阳的山崖。

40. 阴林：茂林，因为树木众多浓荫蔽日，故称阴林。

41. 紫者上，绿者次：原料茶叶以紫色者为上品，绿色者次之。这样的评判标准与现今不同。陈椽为《茶经论稿》所作序中是这样解释的：“茶树种在树林阴影的向阳悬崖上，日照多，茶中的化学成分儿茶多酚类物质也多，相对的叶绿素就少；阴崖上生长的茶叶却相反。阳崖上多生紫芽叶，又因光线强，芽收缩紧张如笋；阴崖上生长的芽叶则相反。所以古时茶叶质量多以紫笋

为上。”

42. 笋者上，牙者次：笋者，指茶的嫩芽，芽头肥硕长大，状如竹笋，成茶品质好。牙者，指新梢叶片已经开展，或茶树生机衰退，对夹叶多，表现为芽头短促瘦小，成品茶质量低。

43. 叶卷上，叶舒次：新叶初展，叶缘自两侧反卷，到现在仍是识别良种的特征之一。而嫩叶初展时即摊开，一般质量较差。

44. 阴山坡谷：山间不朝向太阳的斜坡地及深凹的低地。

45. 不堪：不能，不可。

46. 采掇：摘取。

47. 凝滞：凝结积聚。

48. 瘕：腹中结块之病。马莳注《素问·大奇论》：“瘕者，假也。块似有形而隐见不常，故曰瘕。”南宋戴侗《六书故》卷三三：“腹中积块也，坚者曰症，有物形曰瘕。”

49. 茶之为用，味至寒：中医认为药物有五性，即寒、凉、温、热、平；有五味，即酸、苦、甘、辛、咸。古代各医家都认为茶是寒性，但寒的程度则说法不一，有认为寒、微寒的。陆羽认为，茶作为饮用之物，其味，即滋味为“至寒”。

50. 精行俭德之人：修身养性、清净无为、生活简朴、为人谦逊的人。

51. 支：同“肢”。

52. 烦：困乏，疲劳。

53. 聊：略微。

54. 醍醐、甘露：经过多次制炼的奶酪，味极甘美。佛教典籍以醍醐譬喻佛性，《涅槃经》十四《圣行品》：“譬如从牛出乳，从乳出酪，从酪出酥，从生酥出熟酥，熟酥出醍醐，醍醐最上……佛以如是。”醍醐亦指美酒。甘露，即露水。《老子》第三十二章：“天地相合以降甘露。”所以古人常常用甘露来表示理想中最美好的饮料。北宋李昉《太平御览》卷一二引《瑞应图》载：“甘露者，美露也，神灵之精，仁瑞之泽，其凝如旨，其甘如饴，一名膏露，一名天酒。”

55. 累：过失，妨害。

56. 上党：今山西省南部地区。战国时为韩地，秦设上党郡，因其地势甚高，与天为党，因名上党。唐代改河东道潞州为上党郡，在今山西长治一带。

57. 百济：朝鲜古国，在今朝鲜半岛西南部汉江流域一带，公元1世纪兴起，7世纪中叶并入新罗。

58. 新罗：朝鲜半岛东部之古国，在今朝鲜半岛南部，公元前57年建国，后为王氏高丽取代，与中国唐朝有密切关系。

59. 高丽：即古高句丽国，后为卫氏高丽所并，在今朝鲜北部。

60. 泽州：唐时属河东道高平郡，即今山西晋城。

61. 易州：唐时属河北道上谷郡，在今河北易县一带。

62. 幽州：唐时属河北道范阳郡，在今北京及周围一带。

63. 檀州：唐时属河北道密云郡，在今北京密云一带。

64. 荠苨：药草名。又名地参。草本植物，属桔梗科，根味甜，可入药，根茎与人参相似。南朝梁刘勰《刘子新论》卷五《心隐第二十二》云：“愚与直相像，若荠苨之乱人参，蛇床之似蘼芜也。”明李时珍《本草纲目》卷十二上《草一・荠苨》引陶弘景曰：“荠苨根茎都似人参，而叶小异，根味甜绝，能杀毒，以其与毒药共处，毒皆自然歇，不正入方家用也。”

65. 六疾：六种疾病，寒疾、热疾、末（四肢）疾、腹疾、惑疾、心疾，《左传》昭公元年："天有六气，降生五味……淫生六疾，六气曰阴、阳、风、雨、晦、明也。分为四时，序为五节，过则为灾。阴淫寒疾，阳淫热疾，风淫末疾，雨淫腹疾，晦淫惑疾，明淫心疾。"后以六疾泛指各种疾病。

66. 瘳：病愈。

译　文

茶，是南方地区一种美好的木本植物，树高一尺、二尺以至数十尺。在巴山峡川一带（今重庆东部、湖北西部地区），有树围达两人才能合抱的大茶树，将枝条砍削下来才能采摘茶叶。茶树的树形像瓜芦木，叶子像栀子叶，花像白蔷薇花，种子像棕榈子，蒂像丁香蒂，根像胡桃树根。（瓜芦木产于广州一带，叶子和茶相似，滋味非常苦涩。栟榈属蒲葵类植物，种子与茶子相似。胡桃树与茶树，树根都往地下生长很深，碰到有碎砖烂瓦的硬土层时，苗木开始向上萌发生长）

"茶"字，从字形、部首上来说，有属草部的，有属木部的，有并属草、木两部的。（属草部的，应当写作"茶"，在《开元文字音义》中有收录；属木部的，应当写作"㮋"，此字见于《本草》；并属草、木两部的，写作"荼"，此字见于《尔雅》）

茶的名称，一是茶，二是槚，三是蔎，四是茗，五是荈。（周公说：槚，就是苦茶。扬雄说：四川西南人称茶为蔎。郭璞说：早采的称为茶，晚采的称为茗，也有的称为荈）

茶树生长的土壤，上等茶生在山石间积聚的土壤中，中等茶生在砂壤土中，下等茶生在黄泥土中。大凡种茶时，如果用种子播植却不踩踏结实，或是用移栽的方法栽种，很少能生长得茂盛。如果用种瓜法种茶，一般种植三年后，就可以采摘。野生茶叶的品质好，园圃里人工种植的较次。向阳山坡有林木遮荫的茶树：茶叶紫色的好，绿色的差；芽叶肥壮如笋的好，新芽展开如牙板的差；芽叶边缘反卷的好，叶缘完全平展的差。生长在背阴的山坡或谷地的茶树，不可以采摘。因为它的性质凝滞，喝了会使人生腹中结块的病。

茶的功用，性味寒凉，作为饮料，最适宜品行端正有俭约谦逊美德的人。人们如果发热口渴、胸闷，头疼、眼涩，四肢疲劳、关节不畅，只要喝上四五口茶，其效果与最好的饮品醍醐、甘露相当。

如果茶叶采摘不合时节，制造不够精细，夹杂着野草败叶，喝了就会生病。茶可能对人造成的妨害，如同人参。上等的人参出产在上党，中等的出产在百济、新罗，下等的出产在高丽。泽州、易州、幽州、檀州出产的人参，作药用没有疗效，更何况那些比它们还不如的人参呢！倘若误把荠苨当人参服用，将会使各种疾病不得痊愈。明白了人参对人的妨害，茶对人的妨害也就明白了。

扫一扫 跟我读

二之具

籯[1]（加追反），一曰篮，一曰笼，一曰筥[2]，以竹织之，受五升[3]，或一斗[4]、二斗、三斗者，茶人负以采茶也。（籯，《汉书》音盈，所谓“黄金满籯，不如一经[5]”。颜师古[6]云：“籯，竹器也，受四升耳。”）

zào wú yòng tū zhě fǔ yòng chún kǒu zhě
灶，无用突[7]者。釜，用唇口[8]者。

zèng huò mù huò wǎ fěi yāo ér nì lán yǐ bǐ
甑[9]，或木或瓦，匪腰而泥[10]，篮以箅
zhī miè yǐ xì zhī shǐ qí zhēng yě rù hū bǐ
之[11]，篾以系之[12]。始其蒸也，入乎箅；
jì qí shú yě chū hū bǐ fǔ hé zhù yú zèng zhōng
既其熟也，出乎箅。釜涸，注于甑中。
zèng bù dài ér nì zhī yòu yǐ gǔ mù zhī sān yā zhě zhì
（甑，不带而泥之）又以榖木枝三桠者制
zhī sàn suǒ zhēng yá sǔn bìng yè wèi liú qí gāo
之[13]，散所蒸牙笋并叶，畏流其膏[14]。

chǔ jiù yī yuē duì wéi héng yòng zhě jiā
杵臼，一曰碓，惟恒用者佳。

guī yī yuē mú yī yuē quān yǐ tiě zhì zhī huò
规，一曰模，一曰棬[15]，以铁制之，或
yuán huò fāng huò huā
圆，或方，或花。

chéng yī yuē tái yī yuē zhēn yǐ shí wéi zhī bù
承，一曰台，一曰砧，以石为之。不
rán yǐ huái sāng mù bàn mái dì zhōng qiǎn wú suǒ yáo dòng
然，以槐桑木半埋地中，遣无所摇动。

yán yī yuē yī yǐ yóu juàn huò yǔ shān dān
檐[16]，一曰衣，以油绢或雨衫、单
fú bài zhě wéi zhī yǐ yán zhì chéng shàng yòu yǐ guī zhì
服[17]败者为之。以檐置承上，又以规置

yán shàng yǐ zào chá yě chá chéng jǔ ér yì zhī
檐上，以造茶也。茶成，举而易之。

bì lì yīn pá lí yī yuē yíng zǐ yī yuē páng
芘莉[18]（音杷离），一曰籝子，一曰篣
láng yǐ èr xiǎo zhú cháng sān chǐ qū èr chǐ wǔ cùn
筤[19]。以二小竹，长三尺，躯二尺五寸，
bǐng wǔ cùn yǐ miè zhī fāng yǎn rú pǔ rén tǔ luó kuò èr
柄五寸。以篾织方眼，如圃人土罗，阔二
chǐ yǐ liè chá yě
尺以列茶也。

qǐ yī yuē zhuī dāo bǐng yǐ jiān mù wéi zhī yòng
棨[20]，一曰锥刀。柄以坚木为之，用
chuān chá yě
穿茶也。

pū yī yuē biān yǐ zhú wéi zhī chuān chá yǐ jiè
扑[21]，一曰鞭。以竹为之，穿茶以解[22]
chá yě
茶也。

bèi záo dì shēn èr chǐ kuò èr chǐ wǔ cùn cháng
焙[23]，凿地深二尺，阔二尺五寸，长
yī zhàng shàng zuò duǎn qiáng gāo èr chǐ nì zhī
一丈。上作短墙，高二尺，泥之。

guàn xuē zhú wéi zhī cháng èr chǐ wǔ cùn yǐ guàn chá
贯，削竹为之，长二尺五寸，以贯茶
bèi zhī
焙之。

péng yī yuē zhàn yǐ mù gòu yú bèi shàng biān mù liǎng
棚，一曰栈。以木构于焙上，编木两
céng gāo yī chǐ yǐ bèi chá yě chá zhī bàn gān shēng xià
层，高一尺，以焙茶也。茶之半干，升下
péng quán gān shēng shàng péng
棚；全干，升上棚。

chuàn yīn chuàn jiāng dōng huái nán pōu zhú wéi
穿[24]（音钏），江东[25]、淮南[26]剖竹为
zhī bā chuān xiá shān rèn gǔ pí wéi zhī jiāng dōng yǐ yī
之。巴川峡山[27]纫榖皮为之。江东以一
jīn wéi shàng chuàn bàn jīn wéi zhōng chuàn sì liǎng wǔ liǎng wéi
斤为上穿，半斤为中穿，四两五两为
xiǎo chuàn xiá zhōng yǐ yī bǎi èr shí jīn wéi shàng chuàn bā shí
小穿。峡中[28]以一百二十斤为上穿，八十
jīn wéi zhōng chuàn wǔ shí jīn wéi xiǎo chuàn zì jiù zuò chāi
斤为中穿，五十斤为小穿。字旧作钗
chuàn zhī chuàn zì huò zuò guàn chuàn jīn zé bù rán
钏之“钏”字，或作贯串。今则不然，
rú mó shān tán zuān féng wǔ zì wén yǐ píng shēng shū
如磨、扇、弹、钻、缝五字，文以平声书
zhī yì yǐ qù shēng hū zhī qí zì yǐ chuàn míng zhī
之，义以去声呼之，其字以穿名之。

yù yǐ mù zhì zhī yǐ zhú biān zhī yǐ zhǐ hú
育，以木制之，以竹编之，以纸糊
zhī zhōng yǒu gé shàng yǒu fù xià yǒu chuáng páng yǒu
之。中有隔，上有覆，下有床，傍有

mén yǎn yī shàn zhōng zhì yī qì zhù táng wēi huǒ lìng
门，掩一扇。中置一器，贮塘煨[29]火，令

yūn yūn rán jiāng nán méi yǔ shí fén zhī yǐ huǒ yù
煴煴[30]然。江南梅雨时[31]，焚之以火。（育

zhě yǐ qí cáng yǎng wéi míng
者，以其藏养为名）

注　释

1. 籯：筐、笼一类的盛物竹器，也作“篇”。原注音加追反，与今音不同。

2. 筥：圆形的盛物竹器。《诗经》毛传曰：“方曰筐，圆曰筥。”

3. 升：唐代一升约合今天的零点六公升。

4. 斗：一斗合十升，唐代一斗约合今天的六公升。

5. 黄金满籯，不如一经：此句出《汉书》卷七三《韦贤传》“遗子黄金满籯，不如一经”，刘逵为《昭明文选》作注引《韦贤传》时“籯”作“籝”，陆羽《茶经》沿用此“籝”。

6. 颜师古（581—645）：唐代训诂学家，名籀，字师古，以字行，曾仕唐太宗朝，官至中书郎中。曾为班固《汉书》等书作注。《旧唐书》卷七十三、《新唐书》卷一九八有传。

7. 突：烟囱。陆羽提出茶灶不要有烟囱，是为了使火力集中于锅底，这样可以充分利用锅灶内的热能。唐陆龟蒙《茶灶》诗曰：“无突抱轻岚，有烟映初旭”，描绘了当时茶灶不用烟囱的情形。

8. 唇口：敞口，锅口边沿向外反出。

9. 甑：古代用于蒸食物的炊器，类似于现代的蒸锅。

10. 匪腰而泥：甑不要用腰部突出的，而将甑与釜连接的部位用泥封住。这样可以最大限度地利用锅釜中的热力效能。下文“甑，不带而泥之”实是注这一句的。

11. 篮以箄之：用篮状竹编物放在甑中作隔水器。箄，小笼，覆盖甑底的竹席。扬雄《方言》卷十三：“箄，篆也（古筥字）……篆小者……自关而西，秦晋之间谓之箄。”郭璞注云：“今江南亦名笼为箄。”

12. 篾以系之：用篾条系着篮状竹编物隔水器箄，以方便其进出甑。

13. 以榖木枝三桠者制之：用有三条枝桠的榖木制成叉状器物。榖木，指构树或楮树，桑科，在中国分布很广，它的树皮韧性大，可用来作绳索，故下文有“纫榖皮为之”语，其木质韧性也大，且无异味。

14. 膏：膏汁，指茶叶中的精华。

15. 棬：像升或盂一样的器物，曲木制成。

16. 檐：簷的本字。凡物下覆，四旁冒出的边沿都叫檐。这里指铺在砧上的布，用以隔离砧与茶饼，使制成的茶饼易于拿起。

17. 油绢或雨衫、单服：涂过桐油或其他干性油的绢布，有防水性能。雨衫，防雨的衣衫。单服，单薄的衣服。

18. 芘莉：芘、莉为两种草名，此处指一种用草编织成的列茶工具，《茶经》中注其音为杷离，与今音不同。

19. 篣筤：篣、筤为两种竹名，此处义同芘莉，指一种用竹编成笼、盘、箕一类的列茶工具。扬雄《方言》卷十三：“笼，南楚江沔之间谓之篣。”

20. 棨：古时刻木以为信符称棨，另指仪仗中用黑缯装饰的戟。此处指用来在饼茶上钻孔的锥刀。

21. 扑：穿茶饼的绳索、竹条。

22. 解：搬运，运送。

23. 焙：微火烘烤，这里指烘焙茶饼用的焙炉，又泛指烘焙用的装置或场所。

24. 穿：贯串制好茶饼的索状工具。

25. 江东：唐开元十五道之一江南东道的简称。

26. 淮南：唐淮南道，贞观十道、开元十五道之一。

27. 巴川峡山：指渝东、鄂西地区，今湖北省宜昌市至重庆奉节县的三峡两岸。唐人称三峡以下的长江为巴川，又称蜀江。

28. 峡中：指重庆、湖北境内的三峡地带。

29. 煻煨：热灰，可以煨物。

30. 煴煴：火势微弱没有火焰的样子。

31. 江南梅雨时：农历四、五月梅子黄熟时，江南正是阴雨连绵、潮湿大的季节，为梅雨时节。江南，长江以南地区，一般指今江苏、安徽两省的南部和浙江省一带。

译文

籯，又叫篮，又叫笼，又叫筥，用竹编织，容积五升，或一斗、二斗、三斗，是茶人背着采茶用的。（籯，《汉书》音盈，所谓“黄金满籯，不如一经”。颜师古注：“籯，是一种竹器，容量四升。”）

灶，不要用有烟囱的（这样可以使火力集中于锅底）。锅，用锅口向外翻出有唇边的。

甑，木制或陶制。腰部不要突出，用泥封抹。甑内放竹篮做隔水器，并用竹篾系着，以方便将竹篮放入及提出。开始蒸的时候，将茶叶放到竹篮内；等到蒸熟了，将茶叶从竹篮中倒出。锅里的水快煮干时，从甑中加水进去。（甑，腰部不要用绑绕，用泥封抹）还要用三杈的榖木制成叉状器，抖散蒸后的嫩芽叶，以免茶汁流失。

杵臼，又名碓，以经常使用的为好。

规，又叫模，又叫棬，用铁制成，有圆形、方形、花形。

承，又叫台，又叫砧，用石制成。不然，用槐树、桑树半截埋在土中，使它不能摇动。

檐，又叫衣，可用油绢或穿坏了的雨衣、单衣来做。把檐放在承上，再把茶模放在檐上，就可以压制茶饼了。压制成饼后，可以很方便地拿起来，再做另外一个。

芘莉，又名籝子，又名筹筤。用两根三尺长的小竹竿，制成身长二尺五寸、手柄长五寸、宽二尺的工具，用竹篾织成方眼状的竹匾，就像种菜人用的土罗，用来放置刚制成的茶饼。

棨，又叫锥刀，用坚实的木料做柄，用来给茶饼穿孔。

扑，又叫鞭，用竹条做成，用来把茶饼穿成串，以便搬运。

焙，地上挖坑深二尺，宽二尺五寸，长一丈，上砌矮墙，高二尺，用泥涂抹。

贯，用竹子削制而成，长二尺五寸，用来串着茶饼烘焙。

棚，又叫栈。用木做成架子，放在焙上，分为两层，层高一尺，用来烘焙茶饼。茶饼半干时，放到下层；全干时，升到上层。

穿，江东、淮南剖分竹子制作；巴川、峡山地区用榖树皮制作。江东把一串一斤的茶称为上穿，半斤的称为中穿，四两、五两的（十六两制，译者注）称为小穿。峡中地区则称一百二十斤为上穿，八十斤为中穿，五十斤为小穿。“穿”字，原先作钗钏的“钏”字，或作贯串。现在则不同，像磨、扇、弹、钻、缝五字一样，写在文章中是平声（作动词，译者注），表示名词的意思则要读去声，字意也按读去声的来讲，字形就写“穿”。

育，用木制作，用竹篾编织，再用纸裱糊。中间有槅档，上有盖，下有底盘，旁边有门，掩着一扇门。中间放一器皿，里面盛着热灰火，这样的火没有火焰。江南梅雨季节时，烧火除湿。（育，因为对茶有保藏养益作用而定名）

扫一扫 跟我读

sān zhī zào
三之造

fán cǎi chá zài èr yuè sān yuè sì yuè zhī jiān
凡采茶在二月、三月、四月之间[1]。

chá zhī sǔn zhě shēng làn shí wò tǔ cháng sì wǔ cùn ruò wēi jué shǐ chōu líng lù cǎi yān chá zhī yá zhě fā yú cóng bó zhī shàng yǒu sān zhī sì zhī wǔ zhī zhě xuǎn qí zhōng zhī yǐng bá zhě cǎi yān qí rì yǒu yǔ bù cǎi qíng yǒu yún bù cǎi qíng cǎi zhī zhēng zhī dǎo
茶之笋者，生烂石沃土，长四五寸，若薇蕨[2]始抽，凌露采焉[3]。茶之牙者，发于丛薄[4]之上，有三枝、四枝、五枝者，选其中枝颖拔[5]者采焉。其日有雨不采，晴有云不采。晴，采之，蒸之，捣

zhī pāi zhī bèi zhī chuān zhī fēng zhī chá zhī gān yǐ
之，拍之，焙之，穿之，封之，茶之干矣[6]。

chá yǒu qiān wàn zhuàng lǔ mǎng ér yán rú hú rén xuē
茶有千万状，卤莽而言[7]，如胡人靴[8]
zhě cù suō rán jīng zhuī wén yě fēng niú
者，蹙[9]缩然（京锥文[10]也）；犎牛[11]
yì zhě lián chān rán fú yún chū shān zhě lún qūn
臆[12]者，廉襜然[13]；浮云出山者，轮囷[14]
rán qīng biāo fú shuǐ zhě hán dàn rán yǒu rú táo jiā
然；轻飚[15]拂水者，涵澹[16]然。有如陶家
zhī zǐ luó gāo tǔ yǐ shuǐ dèng cǐ zhī wèi dèng ní
之子，罗膏土以水澄[17]泚[18]之（谓澄泥[19]
yě yòu rú xīn zhì dì zhě yù bào yǔ liú lǎo zhī suǒ
也）。又如新治地者，遇暴雨流潦之所
jīng cǐ jiē chá zhī jīng yú yǒu rú zhú tuò zhě zhī
经。此皆茶之精腴。有如竹箨[20]者，枝
gàn jiān shí jiān yú zhēng dǎo gù qí xíng shāi shāi shàng
干坚实，艰于蒸捣，故其形筛[21]簁[22]（上
lí xià shī rán yǒu rú shuāng hé zhě jīng yè diāo jǔ
离下师）然。有如霜荷者，茎叶凋沮[23]，
yì qí zhuàng mào gù jué zhuàng wěi cuì rán cǐ jiē chá zhī
易其状貌，故厥状委悴[24]然。此皆茶之
jí lǎo zhě yě
瘠老者也。

zì cǎi zhì yú fēng qī jīng mù zì hú xuē zhì yú shuāng hé
自采至于封七经目，自胡靴至于霜荷

bā děng huò yǐ guāng hēi píng zhèng yán jiā zhě sī jiàn zhī
八等。或以光黑平正言嘉者，斯鉴之

xià yě yǐ zhòu huáng ào dié yán jiā zhě jiàn zhī cì yě
下也；以皱黄坳垤[25]言佳者，鉴之次也；

ruò jiē yán jiā jí jiē yán bù jiā zhě jiàn zhī shàng yě hé
若皆言嘉及皆言不嘉者，鉴之上也。何

zhě chū gāo zhě guāng hán gāo zhě zhòu sù zhì zhě zé hēi
者？出膏者光，含膏者皱；宿制者则黑，

rì chéng zhě zé huáng zhēng yā zé píng zhèng zòng zhī zé ào
日成者则黄；蒸压则平正，纵之[26]则坳

dié cǐ chá yǔ cǎo mù yè yī yě chá zhī pǐ zāng cún yú
垤。此茶与草木叶一也。茶之否臧[27]，存于

kǒu jué
口诀。

注释

1. 凡采茶在二月、三月、四月之间：唐历与现今的农历基本相同，其二、三、四月相当于现在公历的三月中下旬至五月中下旬，也是现今中国大部分产茶区采摘春茶的时期。

2. 薇蕨：薇，薇科。蕨，蕨类植物，根状茎很长，蔓生土中，多回羽状复叶。此处用来比喻新抽芽的茶叶。

3. 凌露采焉：趁着露水还挂在茶叶上没干时就采茶。

4. 丛薄：丛生的草木。

5. 颖拔：挺拔。

6. 茶之干矣：茶就做完成了。

7. 卤莽而言：粗疏地说，大致而言。卤，通“鲁”。

8. 胡人靴：胡，中国古代北部和西部非汉民族的通称，他们通常穿着长筒的靴子。

9. 蹙：皱缩。

10. 京锥文：不能确解。文，纹理。吴觉农《茶经述评》解释为箭矢上所刻的纹理，周靖民解为大钻子刻划的线纹，日本布目潮沨沿用大典禅师的解说，认为是一种当时著名的纹样。

11. 犎牛：一种野牛，其颈后肩胛上肉块隆起。

12. 臆：胸部。

13. 廉襜然：像帷幕一样有起伏。廉，边侧。襜，围裙，车帷。

14. 轮囷：曲折回旋状。

15. 轻飚：轻风。

16. 涵澹：水因微风而摇荡的样子。

17. 澄：沉淀，使液体中的杂质沉淀分离。

18. 泚：清，鲜明。

19. 澄泥：陶工淘洗陶土。

20. 箨：竹皮，俗称笋壳，竹类主秆所生的叶。

21. 筛：竹筛，可以去粗取细。

22. 簁：竹筛子。按原注音“筛簁”音“离师”，与今音不同。

23. 凋沮：凋谢，枯萎，败坏。

24. 委悴：枯萎，憔悴，枯槁。

25. 坳垤：指茶饼表面凹凸不平整。坳，土地低凹。垤，小土堆。

26. 纵之：放任草率，不认真制作。

27. 否臧：优劣。否，恶。臧，善、好。

译　文

茶叶采摘，一般都在农历二月、三月、四月之间。

肥壮如春笋紧裹的芽叶，生长在有风化碎石的肥沃土壤里，长四五寸，当它们刚刚抽芽像薇、蕨嫩叶一样时，带着露水采摘。次一等的茶叶生长在丛生的茶树枝条上，有同时抽生三枝、四枝、五枝的，选择其中长得挺拔的采摘。当天有雨不采茶，晴天有云也不采。在天晴无云时，采摘茶叶，放入甑中蒸熟，后用杵臼捣烂，再放到棬模中拍压成饼，接着焙干，最后穿成串，包装好，茶叶就制造完成了。

茶饼表面外观千姿百态，粗略地说，有的像胡人的靴子，皮面皱缩（像京锥的纹样）；有的像犎牛的胸部，有起伏的褶皱；有的像浮云出山，曲折盘旋；有的像轻风拂水，微波涟漪；有的像陶匠罗筛陶土，再用水淘洗出的泥膏那么细腻（陶工淘洗陶土称为澄泥）；有的又像新平整的土地，被暴雨急流冲刷过后的平滑。这些都是精美上等的茶。有的茶叶老得像笋壳，枝梗坚硬，很难蒸捣，以之制成的茶饼像筛簁——箩筛一样坑坑洼洼；有的茶叶像经历秋霜的荷叶，茎叶凋零萎败，已经变形，以之制成的茶饼外貌枯槁。这些都是粗老不好的茶。

从采摘到封装，经过七道工序，从类似靴子的皱缩状到类似经霜荷叶的萎败状，共八个等级。有人把黑亮、平整作为好茶的标志，这是下等的鉴别方法；从皱缩、黄色、凹凸等方面特征来鉴别好茶，这是次等的鉴别方法；若能总体指出茶的佳处，又能总体道出不好处，才是最好的鉴别方法。为什么呢？因为压出了茶汁的就光亮，含有茶汁的就皱缩；隔夜制成的色黑，当天制成的色黄；蒸后压得紧的就平整，任其自然不紧压的就凹凸不平。这是茶和草木叶共同的情况。茶叶品质好坏的鉴别，存有口诀。

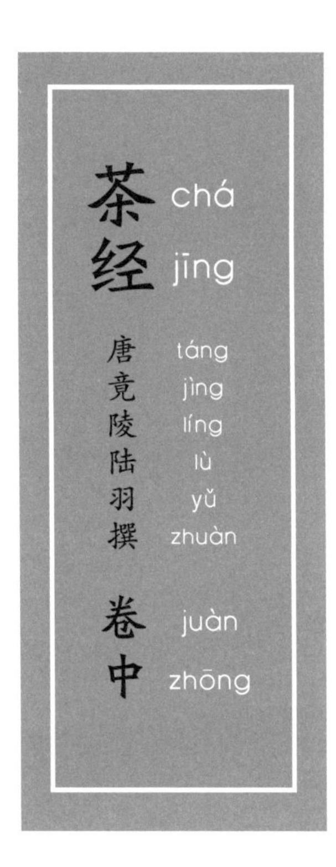
茶经 chá jīng
唐竟陵陆羽撰 táng jìng líng lù yǔ zhuàn
卷中 juàn zhōng

扫一扫 跟我读

四之器

sì zhī qì

fēng lú huī chéng	jǔ	tàn zhuā	huǒ jiā	fù
风炉（灰承）	筥	炭挝	火筴	鍑
jiāo chuáng	jiā	zhǐ náng	niǎn fú mò	luó hé
交床	夹	纸囊	碾（拂末）	罗合
zé	shuǐ fāng	lù shuǐ náng	piáo	zhú jiā
则	水方	漉水囊	瓢	竹筴
cuó guǐ jiē	shú yú	wǎn	běn zhǐ pà	zhá
鹾簋（揭）	熟盂	碗	畚（纸帊）	札
dí fāng	zǐ fāng	jīn	jù liè	dū lán
涤方	滓方	巾	具列	都篮[1]

fēng lú huī chéng
风炉（灰承）

fēng lú yǐ tóng tiě zhù zhī rú gǔ dǐng xíng hòu sān
风炉以铜铁铸之，如古鼎形，厚三
fēn yuán kuò jiǔ fēn lìng liù fēn xū zhōng zhì qí wū màn
分，缘阔九分，令六分虚中，致其杇墁[2]。
fán sān zú gǔ wén shū èr shí yī zì yī zú yún kǎn
凡三足，古文[3]书二十一字。一足云："坎
shàng xùn xià lí yú zhōng yī zú yún tǐ jūn wǔ
上巽下离于中[4]"；一足云："体均五
xíng qù bǎi jí yī zú yún shèng táng miè hú míng
行[5]去百疾"；一足云："圣唐灭胡明
nián zhù qí sān zú zhī jiān shè sān chuāng dǐ yī chuāng
年铸[6]"。其三足之间，设三窗。底一窗
yǐ wéi tōng biāo lòu jìn zhī suǒ shàng bìng gǔ wén shū liù zì
以为通飙漏烬之所。上并古文书六字，
yī chuāng zhī shàng shū yī gōng èr zì yī chuāng zhī
一窗之上书"伊公[7]"二字，一窗之
shàng shū gēng lù èr zì yī chuāng zhī shàng shū shì
上书"羹陆"二字，一窗之上书"氏
chá èr zì suǒ wèi yī gōng gēng lù shì chá yě
茶"二字。所谓"伊公羹，陆氏茶"也。
zhì dì niè yú qí nèi shè sān gé qí yī gé yǒu dí
置墆臬[8]于其内，设三格：其一格有翟[9]
yān dí zhě huǒ qín yě huà yī guà yuē lí qí yī gé
焉，翟者，火禽也，画一卦曰离；其一格

yǒu biāo yān biāo zhě fēng shòu yě huà yī guà yuē xùn
有彪[10]焉，彪者，风兽也，画一卦曰巽；

qí yī gé yǒu yú yān yú zhě shuǐ chóng yě huà yī guà
其一格有鱼焉，鱼者，水虫[11]也，画一卦

yuē kǎn xùn zhǔ fēng lí zhǔ huǒ kǎn zhǔ shuǐ fēng néng xīng
曰坎。巽主风，离主火，坎主水，风能兴

huǒ huǒ néng shú shuǐ gù bèi qí sān guà yān qí shì yǐ
火，火能熟水，故备其三卦焉。其饰，以

lián pā chuí màn qū shuǐ fāng wén zhī lèi qí lú huò
连葩、垂蔓、曲水、方文[12]之类。其炉，或

duàn tiě wéi zhī huò yùn ní wéi zhī qí huī chéng zuò sān
锻铁[13]为之，或运泥为之。其灰承，作三

zú tiě pán tái zhī
足铁柈台[14]之。

jǔ
筥

jǔ yǐ zhú zhī zhī gāo yī chǐ èr cùn jìng kuò qī
筥，以竹织之，高一尺二寸，径阔七

cùn huò yòng téng zuò mù xuàn rú jǔ xíng zhī zhī liù
寸。或用藤，作木楦[15]如筥形织之，六

chū yuán yǎn qí dǐ gài ruò lì qiè kǒu shuò zhī
出[16]圆眼。其底盖若利箧[17]口，铄[18]之。

tàn zhuā
炭檛[19]

tàn zhuā yǐ tiě liù léng zhì zhī cháng yī chǐ ruì shàng
炭檛，以铁六棱制之，长一尺，锐上

fēng zhōng zhí xì tóu xì yī xiǎo zhǎn yǐ shì zhuā yě ruò
丰中[20]。执细头系一小辗[21]以饰杖也，若
jīn zhī hé lǒng jūn rén mù yù yě huò zuò chuí huò zuò
今之河陇[22]军人木吾[23]也。或作锤，或作
fǔ suí qí biàn yě
斧，随其便也。

huǒ jiā
火筴

huǒ jiā yī míng zhù ruò cháng yòng zhě yuán zhí
火筴，一名箸[24]，若常用者，圆直
yī chǐ sān cùn dǐng píng jié wú cōng tái gōu suǒ zhī zhǔ
一尺三寸，顶平截，无葱台勾锁之属[25]，
yǐ tiě huò shú tóng zhì zhī
以铁或熟铜制之。

fù yīn fǔ huò zuò fǔ huò zuò fǔ
鍑（音辅，或作釜，或作鬴[26]）

fù yǐ shēng tiě wéi zhī jīn rén yǒu yè yě zhě
鍑，以生铁为之，今人有业冶者，
suǒ wèi jí tiě qí tiě yǐ gēng dāo zhī qiè liàn ér zhù
所谓急铁[27]。其铁以耕刀之趄[28]，炼而铸
zhī nèi mú tǔ ér wài mú shā tǔ huá yú nèi yì
之。内摸土，而外摸沙[29]。土滑于内，易
qí mó dí shā sè yú wài xī qí yán yàn fāng qí ěr
其摩涤；沙涩于外，吸其炎焰。方其耳，
yǐ zhèng lìng yě guǎng qí yuán yǐ wù yuǎn yě cháng
以正令也[30]。广其缘，以务远也[31]。长

qí qí yǐ shǒu zhōng yě qí cháng zé fèi zhōng fèi
其脐，以守中也[32]。脐长，则沸中[33]；沸

zhōng zé mò yì yáng mò yì yáng zé qí wèi chún yě hóng
中，则末易扬；末易扬，则其味淳也。洪

zhōu yǐ cí wéi zhī lái zhōu yǐ shí wéi zhī cí yǔ shí
州[34]以瓷为之，莱州[35]以石为之。瓷与石

jiē yǎ qì yě xìng fēi jiān shí nán kě chí jiǔ yòng yín wéi
皆雅器也，性非坚实，难可持久。用银为

zhī zhì jié dàn shè yú chǐ lì yǎ zé yǎ yǐ jié yì
之，至洁，但涉于侈丽。雅则雅矣，洁亦

jié yǐ ruò yòng zhī héng ér zú guī yú yín yě
洁矣，若用之恒，而卒归于银也[36]。

jiāo chuáng
交床[37]

jiāo chuáng yǐ shí zì jiāo zhī wān zhōng lìng xū yǐ
交床，以十字交之，剜[38]中令虚，以

zhī fù yě
支镀也。

jiā
夹

jiā yǐ xiǎo qīng zhú wéi zhī cháng yī chǐ èr cùn
夹，以小青竹为之，长一尺二寸。

lìng yī cùn yǒu jié jié yǐ shàng pōu zhī yǐ zhì chá yě
令一寸有节，节已上剖之，以炙茶也。

bǐ zhú zhī xiǎo jīn rùn yú huǒ jiǎ qí xiāng jié yǐ yì chá
彼竹之筱[39]，津润于火，假其香洁以益茶

wèi kǒng fēi lín gǔ jiān mò zhī zhì huò yòng jīng tiě shú tóng
味[40]，恐非林谷间莫之致。或用精铁熟铜
zhī lèi qǔ qí jiǔ yě
之类，取其久也。

zhǐ náng
纸囊

zhǐ náng yǐ shàn téng zhǐ bái hòu zhě jiā féng zhī yǐ
纸囊，以剡藤纸[41]白厚者夹缝之。以
zhù suǒ zhì chá shǐ bù xiè qí xiāng yě
贮所炙茶，使不泄其香也。

niǎn fú mò
碾（拂末）

niǎn yǐ jú mù wéi zhī cì yǐ lí sāng tóng
碾，以橘木为之，次以梨、桑、桐、
zhè wéi zhī nèi yuán ér wài fāng nèi yuán bèi yú yùn xíng
柘为之。内圆而外方。内圆备于运行
yě wài fāng zhì qí qīng wēi yě nèi róng duò ér wài wú yú
也，外方制其倾危也。内容堕[42]而外无余
mù duò xíng rú chē lún bù fú ér zhóu yān cháng jiǔ
木。堕，形如车轮，不辐[43]而轴[44]焉。长九
cùn kuò yī cùn qī fēn duò jìng sān cùn bā fēn zhōng hòu yī
寸，阔一寸七分。堕径三寸八分，中厚一
cùn biān hòu bàn cùn zhóu zhōng fāng ér zhí yuán qí fú
寸，边厚半寸，轴中方而执[45]圆。其拂
mò yǐ niǎo yǔ zhì zhī
末[46]以鸟羽制之。

luó hé

罗合

luó mò yǐ hé gài zhù zhī yǐ zé zhì hé zhōng yòng jù
zhú pōu ér qū zhī yǐ shā juàn yì zhī qí hé yǐ zhú jié
wéi zhī huò qū shān yǐ qī zhī gāo sān cùn gài yī cùn
dǐ èr cùn kǒu jìng sì cùn

罗末，以合盖贮之，以则置合中。用巨竹剖而屈之，以纱绢衣[47]之。其合以竹节为之，或屈杉以漆之，高三寸，盖一寸，底二寸，口径四寸。

zé

则

zé yǐ hǎi bèi lì gé zhī shǔ huò yǐ tóng tiě
zhú bǐ cè zhī lèi zé zhě liáng yě zhǔn yě dù
yě fán zhǔ shuǐ yī shēng yòng mò fāng cùn bǐ ruò hào bó
zhě jiǎn zhī shì nóng zhě zēng zhī gù yún zé yě

则，以海贝、蛎蛤之属，或以铜、铁、竹匕[48]策[49]之类。则者，量也，准也，度也。凡煮水一升，用末方寸匕[50]。若好薄者，减之，嗜浓者，增之，故云则也。

shuǐ fāng

水方

shuǐ fāng yǐ chóu mù huái qiū zǐ děng hé
zhī qí lǐ bìng wài fèng qī zhī shòu yī dǒu

水方，以椆木[51]、槐、楸、梓等合之，其里并外缝漆之，受一斗。

漉[52]水囊

漉水囊，若常用者，其格以生铜铸之，以备水湿，无有苔秽腥涩[53]意。以熟铜苔秽，铁腥涩也。林栖谷隐者，或用之竹木。木与竹非持久涉远之具，故用之生铜。其囊，织青竹以卷之，裁碧缣[54]以缝之，纽翠钿[55]以缀之。又作绿油囊[56]以贮之，圆径五寸，柄一寸五分。

瓢

瓢，一曰牺杓[57]。剖瓠[58]为之，或刊木为之。晋舍人杜育[59]《荈赋》云："酌之以匏[60]。"匏，瓢也。口阔，胫薄，柄短。永嘉[61]中，余姚[62]人虞洪入瀑布山采茗，

yù yī dào shì yún wú dān qiū zǐ qí zǐ tā
遇一道士，云："吾，丹丘[63]子，祈子他
rì ōu suō zhī yú qǐ xiāng wèi yě suō mù sháo
日瓯牺[64]之余，乞相遗[65]也。"牺，木杓
yě jīn cháng yòng yǐ lí mù wéi zhī
也。今常用以梨木为之。

zhú jiā
竹筴

zhú jiā huò yǐ táo liǔ pú kuí mù wéi zhī huò yǐ
竹筴，或以桃、柳、蒲葵木为之，或以
shì xīn mù wéi zhī cháng yī chǐ yín guǒ liǎng tóu
柿心木为之。长一尺，银裹两头。

cuó guǐ jiē
鹾簋[66]（揭[67]）

cuó guǐ yǐ cí wéi zhī yuán jìng sì cùn ruò hé
鹾簋，以瓷为之。圆径四寸，若合
xíng huò píng huò léi zhù yán huā yě qí jiē zhú
形，或瓶、或罍[68]，贮盐花也。其揭，竹
zhì cháng sì cùn yī fēn kuò jiǔ fēn jiē cè yě
制，长四寸一分，阔九分。揭，策也。

shú yú
熟盂

shú yú yǐ zhù shú shuǐ huò cí huò shā shòu
熟盂，以贮熟水，或瓷，或沙，受
èr shēng
二升。

碗

碗，越州[69]上，鼎州[70]次，婺州[71]次，岳州[72]次，寿州[73]、洪州次。或者以邢州[74]处越州上，殊为不然。若邢瓷类银，越瓷类玉，邢不如越一也；若邢瓷类雪，则越瓷类冰，邢不如越二也；邢瓷白而茶色丹，越瓷青而茶色绿，邢不如越三也。晋杜育《荈赋》所谓："器择陶拣，出自东瓯。"瓯，越也。瓯，越州上，口唇不卷，底卷而浅，受半升已下。越州瓷、岳瓷皆青，青则益茶。茶作白红之色。邢州瓷白，茶色红；寿州瓷黄，茶色紫；洪州瓷褐，茶色黑：悉不宜茶。

běn zhǐ pà
畚[75]（纸帕[76]）

běn yǐ bái pú juǎn ér biān zhī kě zhù wǎn shí méi huò yòng jǔ qí zhǐ pà yǐ shàn zhǐ jiā féng lìng fāng yì shí zhī yě
畚，以白蒲[77]卷而编之，可贮碗十枚。或用筥。其纸帕以剡纸夹缝，令方，亦十之也。

zhá
札

zhá jī bīng lǘ pí yǐ zhū yú mù jiā ér fù zhī huò jié zhú shù ér guǎn zhī ruò jù bǐ xíng
札，缉[78]栟榈皮以茱萸[79]木夹而缚之，或截竹束而管之，若巨笔形。

dí fāng
涤方

dí fāng yǐ zhù dí xǐ zhī yú yòng qiū mù hé zhī zhì rú shuǐ fāng shòu bā shēng
涤方，以贮涤洗之余，用楸木合之，制如水方，受八升。

zǐ fāng
滓方

zǐ fāng yǐ jí zhū zǐ zhì rú dí fāng chǔ wǔ shēng
滓方，以集诸滓，制如涤方，处五升。

jīn
巾

jīn yǐ shī bù wéi zhī cháng èr chǐ zuò èr méi
巾，以绝[80]布为之，长二尺，作二枚，
hù yòng zhī yǐ jié zhū qì
互用之，以洁诸器。

jù liè
具列

jù liè huò zuò chuáng huò zuò jià huò chún mù
具列，或作床[81]，或作架。或纯木、
chún zhú ér zhì zhī huò mù huò zhú huáng hēi kě jiōng ér qī
纯竹而制之，或木或竹，黄黑可扃[82]而漆
zhě cháng sān chǐ kuò èr chǐ gāo liù cùn jù liè zhě
者，长三尺，阔二尺，高六寸。具列者，
xī liǎn zhū qì wù xī yǐ chén liè yě
悉敛诸器物，悉以陈列也。

dū lán
都篮

dū lán yǐ xī shè zhū qì ér míng zhī yǐ zhú miè nèi
都篮，以悉设诸器而名之。以竹篾内
zuò sān jiǎo fāng yǎn wài yǐ shuāng miè kuò zhě jīng zhī yǐ
作三角方眼，外以双篾阔者经[83]之，以
dān miè xiān zhě fù zhī dì yā shuāng jīng zuò fāng yǎn shǐ
单篾纤者缚之，递压双经，作方眼，使
líng lóng gāo yī chǐ wǔ cùn dǐ kuò yī chǐ gāo èr cùn
玲珑。高一尺五寸，底阔一尺、高二寸，
cháng èr chǐ sì cùn kuò èr chǐ
长二尺四寸，阔二尺。

注 释

1. 以上是茶器的目录，圆括号中注文是该茶器的附属器物。按：此处底本所列茶器共二十一种（加上附属器二种共有二十三种），与以下正文所列二十五种（加上附属器四种共有二十九种），皆与《九之略》中“但城邑之中，王公之门，二十四器阙一，则茶废矣……”之数目“二十四”不符。文中有“以则置合中”，或许是陆羽自己将罗合与则计为一器，则是正文二十四器了。

2. 杇墁：涂抹墙壁，此处指涂抹风炉内壁的泥粉。

3. 古文：上古之文字，如甲骨文、金文、古籀文和篆文等。

4. 坎上巽下离于中：坎、巽、离均为八卦及六十四卦的卦名之一，坎的卦形为“☵”，像水；巽的卦形为“☴”，像风像木；离的卦形为“☲”，像火像电。煮茶时，坎水在上部的锅中，巽风从炉底之下进入助火之燃，离火在炉中燃烧。

5. 五行：指水、火、木、金、土，我国古代称构成各种物质的五种元素，并以此说明宇宙万物的构成和变化。

6. 圣唐灭胡明年铸：灭胡，一般指唐朝彻底平定安禄山、史思明等人八年叛乱的广德元年（763），陆羽的风炉造在此年的明年，即764年。据此句可知《茶经》于764年之后曾经修改。

7. 伊公：即伊挚，相传他在公元前17世纪初，辅佐汤武王灭夏桀，建立殷商王朝，担任大尹（宰相），所以又被称为伊尹。据说他很会烹调煮羹，“负鼎操俎调五味而立为相”。

8. 墆埠：置于炉膛内靠底部位置的炉箅子。墆，底。埠，小山也。

9. 翟：长尾的山鸡，又称雉。我国古代认为，野鸡属于火禽。

10. 彪：小虎，我国古代认为，虎从风，属于风兽。

11. 水虫：我国古代称虫、鱼、鸟、兽、人为五虫，水虫指水族，水产动物。

12. 连葩、垂蔓、曲水、方文：连葩，连缀的花朵图案，葩，通“花”。垂蔓，小草藤蔓缀成的图案。曲水，曲折回荡的水波形图案。方文，方块或几何形花纹。

13. 锻铁：打铁锻造。

14. 柈台：柈，同“盘”，盘子。台，有光滑平面，由腿或其他支撑物固定起来的像台的物件。

15. 楦：制鞋帽所用的模型，这里指筥形的木架子。

16. 六出：花开六瓣及雪花结晶成六角形都叫六出，这里指用竹条编织出六角形的洞眼。

17. 利篋：竹箱子。利，当为“莉”，一种小竹。篋，长而扁的竹箱笼。

18. 铄：美也，销也，摩削平整以美化。

19. 炭檛：碎炭用的锤式器具。

20. 锐上丰中：指铁檛上端细小，中间粗大。

21. 锯：炭檛上灯盘形的饰物。

22. 河陇：河指唐陇右道河州，在今甘肃临夏县附近。陇指唐关内道陇州，在今陕西宝鸡陇县。

23. 木吾：防御用的木棒。吾，通“御”，防御。

24. 火筴，一名箸：箸，筷子，用来夹物的餐具。火箸，火筷子，火钳。

25. 无葱台勾锁之属：指火筴头无装饰。

26. 鬴：同“釜”。

27. 急铁：指前文所言的生铁。

28. 耕刀之趄：用坏了不能再使用的犁头。耕刀，犁头。趄，本意倾侧、歪斜，这里引申为残破、缺损。

29. 内摸土，而外摸沙：摸，通“模”。制鍑的内模用土制作，外模用沙制作。

30. 以正令也：使之端正。

31. 广其缘，以务远也：鍑顶部的口沿要宽一些，可以将火的热力向全鍑引申，使水沸腾时有足够的空间。

32. 长其脐，以守中也：鍑底脐部要略突出一些，以使火力能够集中。

33. 脐长，则沸中：鍑底脐部略突出，则煮开水时就可以集中在锅中心位置沸腾。

34. 洪州：唐江南道、江南西道属州，即今江西南昌市，历来出产褐色名瓷。天宝二年（734），韦坚凿广运潭，献南方诸物产，豫章郡（洪州天宝间改称名）船所载即“名瓷，酒器，茶釜、茶铛、茶碗”等，在长安望春楼下供玄宗及百官观赏。

35. 莱州：汉代东莱郡，隋改莱州，唐沿之，治所在今山东莱州，唐时的辖境相当于今山东莱州、即墨、莱阳、平度、莱西、海阳等地。《新唐书·地理志》载莱州贡石器。

36. 而卒归于银也：最终还是用银制作鍑好。

37. 交床：即胡床，一种可折叠的轻便坐具，也叫交椅、绳床。

38. 剜：刻，挖。

39. 筱：小竹。

40. 津润于火，假其香洁以益茶味：小青竹在火上烤炙，表面就会渗出清香纯洁的竹液和香气，有助于茶香。

41. 剡藤纸：剡溪所产以藤为原料制作的纸，唐代为贡品。

42. 堕：碾轮，碾磙子。

43. 辐：车轮中辏集于中心毂上的直木。

44. 轴：贯于毂中持轮旋转的圆柱形长杆。毂，车轮的中心部件，周围与车辐的一端相接，中有圆孔，用以插轴。

45. 执：手握处。

46. 拂末：拂扫归拢茶末的用具。

47. 衣：以衣布在器物表面蒙覆。

48. 匕：食器，曲柄浅斗，状如今之羹匙、汤勺。古代也用作量药的器具。

49. 策：竹片、木片。

50. 方寸匕：一寸正方的匙匕。

51. 椆木：属山毛榉科，木质坚重。

52. 漉：过滤，渗。

53. 苔秽腥涩：熟铜易氧化，其氧化物呈绿色，像苔藓，显得很脏，实际有毒，对人体有害；铁亦极易氧化，氧化物呈紫红色，闻之有腥气，尝之有涩味，对人体也有害。

54. 缣：细绢。

55. 纽翠钿：纽缀上翠钿以为装饰。翠钿，用翠玉制成的首饰或装饰物。

56. 绿油囊：绿油绢做的袋子。油绢是有防水功能的绢绸。

57. 牺杓：瓢的别称。牺，古代一种有雕饰的酒尊。

58. 瓠：蔬类植物，也叫扁浦、葫芦。

59. 杜育（265—316）：字方叔，河南襄城人，西晋时人，官至中书舍人。事迹散见于《晋书》相关人员列传中。《荈赋》，杜育撰，原文已佚，现可从

《艺文类聚》《太平御览》《北堂书钞》等书中辑出二十余句，已非全文。

60. 匏：葫芦之属。

61. 永嘉：晋怀帝年号，公元 307—312 年。

62. 余姚：余姚县，秦置，隋废，唐武德四年（621）复置，为姚州治，武德七年（624）之后属越州。即今浙江余姚市。

63. 丹丘：神话中的神仙所居之地，昼夜长明。屈原《远游》："仍羽人于丹丘兮，留不死之旧乡。"丹丘子指来自丹丘仙乡的仙人。

64. 瓯牺：杯杓。此处指喝茶用的杯杓。

65. 遗：给予，馈赠。

66. 鹾簋：盛盐的容器。鹾，味浓的盐。簋，古代椭圆形盛物用的器具。

67. 揭：竹片做的取盐用具。

68. 罍：酒尊，其上饰以云雷纹，形似大壶。

69. 越州：治所在会稽（今浙江绍兴），辖境相当于今浦阳江、曹娥江流域及余姚市地。越州在唐、五代、宋时以产秘色瓷器著名，瓷体透明，是青瓷中的绝品。此处越州即指所在的越州窑，以下各州也均指位于各州的瓷窑。

70. 鼎州：唐曾经有二鼎州，一在湖南，辖境相当于今湖南常德、汉寿、沅江、桃源等市县一带；二在今陕西泾阳、礼泉、三原一带。

71. 婺州：唐天宝间称为东阳郡，州治今金华，辖境相当于今浙江金华江、武义江流域各县。

72. 岳州：唐天宝间称巴陵郡，州治今岳阳，辖境相当于今湖南洞庭湖东、南、北沿岸各县。岳窑在湘阴县，生产青瓷。

73. 寿州：唐天宝间称寿春郡，在今安徽省寿县一带。寿州窑主要在霍丘，生产黄褐色瓷。

74. 邢州：唐天宝间称巨鹿郡，相当于今河北巨鹿、广宗以西，泜河以南、沙河以北地区。唐宋时期邢窑烧制瓷器，白瓷尤为佳品。邢窑主要在内丘县，唐李肇《唐国史补》卷下称："凡货贿之物，侈于用者，不可胜纪……内邱白瓷瓯，端溪紫石砚，天下无贵贱，通用之。"其器天下通用，是唐代北方诸窑的代表窑，定为贡品。

75. 畚：土笼，用蒲草或竹篾编织的盛物器具。

76. 纸帊：茶碗的纸套子。帊，帛二幅或三幅为帊，亦作衣服解。

77. 白蒲：莎草科。

78. 缉：析植物皮搓捻成线。

79. 茱萸：属芸香科。

80. 绝：粗绸，似布。

81. 床：安放器物的支架、几案等。

82. 扃：从外关闭门箱窗柜上的插关。

83. 经：织物的纵线。

译　文

风炉（灰承）	筥	炭檛	火筴	鍑
交床	夹	纸囊	碾（拂末）	罗合
则	水方	漉水囊	瓢	竹筴
鹾簋（揭）	熟盂	碗	畚（纸帊）	札
涤方	滓方	巾	具列	都篮

风炉（灰承）

风炉，用铜或铁铸成，形状像古鼎，壁厚三分，炉口边缘宽九分，向炉腔内空出六分，抹满泥土。炉有三足，上面用上古文字字体共写二十一个字。一足上写“坎上巽下离于中”，一足上写“体均五行去百疾”，一足上写“圣唐灭胡明年铸”。在三足之间开三个窗口。炉底部一个洞口，用来通风漏灰。三个窗口上书写六个古体文字，一个窗口上写“伊公”二字，一个窗口上写“羹陆”二字，一个窗口上写“氏茶”二字，连起来就是“伊公羹，陆氏茶”。炉腔内设置放燃料的炉箅子，分为三格：一格上有翟，翟是火禽，刻画一个离卦；一格上有彪，彪是风兽，刻画一巽卦；一格上有鱼，鱼是水虫，刻画一坎卦。巽表示风，离表示火，坎表示水。风能使火烧旺，火能把水煮开，所以要有这三个卦。炉身用花卉、藤草、流水、方形花纹等图案来装饰。风炉也有打铁锻造的，也有揉泥做的。灰承（接灰的台盘），是有三只脚的铁盘，用来承接炉灰。

筥

筥，用竹子编制，高一尺二寸，直径七寸。或者用藤在像筥形的木架子上编织而成，编织时要编出六角形的洞眼。筥的底和盖就像竹箱子的口部，磨削光滑。

炭檛

炭檛，用六棱形的铁棒制作，长一尺，头部尖，中间粗，在握把细的那头拴上一个小镊作为装饰，好像现在河州陇州地区的军人所使用的木棒。有的也做成锤形，或者做成斧形，各随其便。

火筴

火筴，又叫箸，和平常用的一样。形状圆而直，长一尺三寸，顶端平齐，没有葱台勾锁之类的装饰，用铁或熟铜制作。

鍑（音辅，或作釜，或作鬴）

鍑，用生铁制作。生铁是现在炼铁人所说的“急铁”。将用坏了的铁质农具炼铸成铁，以之制造茶锅。铸锅时，内模用土质，外模用沙质。土质内模，使锅内壁光滑，容易擦洗；沙质外模使锅外壁粗糙，容易吸收火焰热量。锅耳做成方形，能让锅放置端正。锅口缘要宽，使火焰能够伸展。锅底中心（脐）要突出些，使火力能够集中在锅底。锅底脐部略突出，水就会在锅中心沸腾；水在中心沸腾，茶末就容易沸扬；茶末易于沸扬，茶汤的滋味就淳美。洪州用瓷做锅，莱州用石做锅。瓷锅和石锅都雅致好看，但不坚固，很难长期使用。用银做锅，非常清洁，但未免涉及奢侈华丽。雅致固然雅致，清洁固然清洁，但从经久耐用的角度来说，终归还是用银制的好。

交床

交床，用十字交叉的木架，将搁板的中间挖空，用来放置茶锅。

夹

夹，用小青竹制成，长一尺二寸。选一头一寸处有竹节的，自节以上剖开，用来夹着茶饼烤炙。这样的小青竹在火上烤炙时，表面会渗出清香纯洁的竹液和香气，能够增加茶的香味。但如不在山林间炙茶，恐怕难以弄到这种小青竹。也有用精铁或熟铜之类的材料来制作茶夹，取其经久耐用。

纸袋

纸袋，以两层又白又厚的剡藤纸缝制而成，用来贮放烤好的茶，使香气不致散失。

碾（拂末）

茶碾，用橘木制作，其次用梨木、桑木、桐木、柘木制作。碾内圆外方，内圆便于运转，外方能防止倾倒。碾槽内放碾轮，不留空隙。堕是木碾轮，形状像车轮，只是没有车辐，中心直接安轴。轴长九寸，宽一寸七分。碾轮直径三寸八分，中间厚一寸，边缘厚半寸。轴中间是方的，手握处是圆的。拂末，用鸟的羽毛制作。

罗合

用茶罗筛好茶末，放在盒中盖好存放，把量具则放在盒中。茶罗，用大竹剖开弯曲成圆形，罗底蒙上纱绢。盒用竹子有节的部分制作，或用杉木片弯曲成圆形油漆而成。盒高三寸，盖高一寸，底盒二寸，直径四寸。

则

则，用蛎蛤之类的海贝贝壳，或者用铜、铁、竹做的匕、策之类。则是计量的标准、依据。一般说来，煮一升的水，用一寸正方匙匕量的茶末。如果喜欢淡茶，就减少茶末用量；喜欢浓茶，就增加茶末用量，所以称之为则。

水方

水方，用椆、槐、楸、梓等木料制作，里面和外面的缝都加涂油漆，容量一斗。

漉水囊

漉水囊，同常用的一样，它的圈架用生铜铸造，生铜被水打湿后不会产生污垢而使水有腥涩味道，因为用熟铜易生铜绿污垢，用铁易生铁锈会使水味腥涩。在林谷间隐居的人，也有用竹或木制作的。但竹木制品都不耐久用，又不便携带远行，所以用生铜制作。滤水的袋子，用青篾丝编织成圆筒形，再裁剪碧绿的丝绢缝制，纽缀上翠钿作装饰。再用防水的绿油绢做一只袋子贮放漉水囊。漉水囊圆径五寸，柄长一寸五分。

瓢

瓢，又叫牺杓。把瓠瓜（葫芦）剖开制成，或是用木头凿刻而成。晋中书舍人杜育《荈赋》说："酌之以匏。"瓠，就是葫芦瓢，口阔、瓢身薄、柄短。晋永嘉年间，余姚人虞洪到瀑布山采茶，遇见一位道士，对他说："我是丹丘子，哪天你的杯杓中有多余的茶，希望能送点给我喝。"牺，就是木杓。现在常用的木杓多以梨木制成。

竹筴

竹筴，有用桃木、柳木、蒲葵木做的，也有用柿心木制成。长一尺，用银包裹两头。

鹾簋

鹾簋，用瓷制作。圆径四寸，一般是盒形，也有作瓶形、壶形，盛贮盐花用。揭，用竹制成，长四寸一分，宽九分。揭，是取盐用的片状工具。

熟盂

熟盂，用来盛贮开水，或瓷制，或陶制，容量二升。

碗

碗，越州产的最好，鼎州、婺州、岳州次好，寿州、洪州的次些。有人认为邢州产的比越州的好，完全不是这样。如果说邢瓷像银，越瓷就像玉，这是邢瓷不如越瓷的第一点；如果说邢瓷像雪，越瓷就像冰，这是邢瓷不如越瓷的第二点；邢瓷白，使茶汤呈红色，越瓷青，而使茶汤呈绿色，这是邢瓷不如越瓷的第三点。晋代杜育《荈赋》说的"器择陶拣，出自东瓯"，意思是挑拣陶瓷器皿，好的出自东瓯。瓯作为地名，就是越州。瓯也是器物名，越州窑的最好，口唇不卷边，碗底浅而稍卷边，容量不到半升。越州瓷、岳州瓷都是青色，青色能增益茶的汤色。一般茶汤为白红色，邢州瓷白，使茶汤色红；寿州瓷黄，使茶汤色紫；洪州瓷褐，使茶汤色黑，都不宜用来盛茶。

畚（纸帊）

畚，土笼，用白蒲草编成圆筒形，可贮放十只碗。也有用竹筥当作畚用的。纸帊，用两层剡纸，夹缝成方形，也可以贮放十只碗。

札

札，将棕榈皮分拆搓捻成线，用茱萸木夹住捆紧而成，或者截一段竹子像笔管一样绑束而成，形状像大毛笔的样子。

涤方

涤方，盛放洗涤后的水，用楸木制成盒状，制法和水方一样，容量八升。

滓方

滓方，用来盛放各种渣滓，制法如涤方，容量五升。

巾

巾，用粗绸制作，长二尺，做两块，交替使用，以清洁各种茶具。

具列

具列，做成床形或架形，或纯用木制，或纯用竹制，也可木竹兼用，漆成黄黑色，有门可关。长三尺，宽二尺，高六寸。其所以名为具列，是因为可以贮放陈列各种器物。

都篮

都篮，因能装下所有器具而得名。用竹篾编成，里面编成三角形或方形的眼，外面用两道宽篾作经线，用一道细篾作纬线，交替编压住作经线的两道宽篾，编成方眼，使其精巧玲珑。都篮高一尺五寸，长二尺四寸，宽二尺，底宽一尺，高二寸。

茶经 chá jīng
唐竟陵陆羽撰 táng jìng líng lù yǔ zhuàn
卷下 juàn xià

扫一扫 跟我读

wǔ zhī zhǔ
五之煮

fán zhì chá shèn wù yú fēng jìn jiān zhì biāo yàn rú
凡炙茶，慎勿于风烬间炙，熛[1]焰如

zuàn shǐ yán liáng bù jūn chí yǐ bī huǒ lǚ qí fān zhèng
钻，使炎凉不均。持以逼火，屡其翻正，

hòu páo pǔ jiào fǎn chū pǒu lǒu zhuàng xiā má bèi rán
候炮[2]（普教反）出培塿[3]，状虾蟆背，然

hòu qù huǒ wǔ cùn juǎn ér shū zé běn qí shǐ yòu zhì zhī
后去火五寸。卷而舒，则本其始又炙之。

ruò huǒ gān zhě yǐ qì shú zhǐ rì gān zhě yǐ róu zhǐ
若火干者，以气熟止；日干者，以柔止。

qí shǐ ruò chá zhī zhì nèn zhě zhēng bà rè dǎo yè
其始，若茶之至嫩者，蒸罢热捣，叶

烂而牙笋存焉。假以力者，持千钧杵亦不之烂。如漆[4]科[5]珠，壮士接之，不能驻其指。及就，则似无穰[6]骨也。炙之，则其节［若］倪倪[7]如婴儿之臂耳。既而承热用纸囊贮之，精华之气无所散越[8]，候寒末之。（末之上者，其屑如细米。末之下者，其屑如菱角）

其火用炭，次用劲薪（谓桑、槐、桐、枥之类也）。其炭，曾经燔[9]炙，为膻腻所及，及膏木[10]、败器不用之。（膏木为柏、桂、桧也，败器谓朽废器也）古人有劳薪之味[11]，信哉。

其水，用山水上，江水次，井水下。

chuǎn fù suǒ wèi shuǐ zé mín fāng zhī zhù yì
（《荈赋》所谓：“水则岷方之注[12]，挹[13]

bǐ qīng liú qí shān shuǐ jiǎn rǔ quán shí chí màn
彼清流。”）其山水，拣乳泉[14]、石池慢

liú zhě shàng qí pù yǒng tuān shù wù shí zhī jiǔ shí lìng
流者上；其瀑涌湍漱[15]，勿食之，久食令

rén yǒu jǐng jí yòu duō bié liú yú shān gǔ zhě chéng jìn
人有颈疾。又多别流于山谷者，澄[16]浸[17]

bù xiè zì huǒ tiān zhì shuāng jiāo yǐ qián huò qián lóng
不泄，自火天[18]至霜郊[19]以前，或潜龙[20]

xù dú yú qí jiān yǐn zhě kě jué zhī yǐ liú qí è shǐ
蓄毒于其间，饮者可决之，以流其恶，使

xīn quán juān juān rán zhuó zhī qí jiāng shuǐ qǔ qù rén yuǎn
新泉涓涓然，酌之。其江水取去人远

zhě jǐng qǔ jí duō zhě
者，井取汲多者。

qí fèi rú yú mù wēi yǒu shēng wéi yī fèi yuán biān
其沸如鱼目[21]，微有声，为一沸。缘边

rú yǒng quán lián zhū wéi èr fèi téng bō gǔ làng wéi sān
如涌泉连珠，为二沸。腾波鼓浪，为三

fèi yǐ shàng shuǐ lǎo bù kě shí yě chū fèi zé shuǐ
沸。已上水老，不可食也。初沸，则水

hé liàng tiáo zhī yǐ yán wèi wèi qì qí chuò yú chuò cháng
合量[22]调之以盐味，谓弃其啜余[23]（啜，尝

yě shì shuì fǎn yòu shì yuè fǎn wú nǎi gǎn dǎn shàng
也，市税反，又市悦反），无乃䵖䵷（上

gǔ zàn fǎn xià tǔ làn fǎn wú wèi yě ér zhōng qí yī wèi
古暂反，下吐滥反，无味也）而钟其一味
hū dì èr fèi chū shuǐ yì piáo yǐ zhú jiā huán jī tāng
乎[24]？第二沸出水一瓢，以竹筴环激汤
xīn zé liáng mò dāng zhōng xīn ér xià yǒu qǐng shì ruò bēn
心，则量末当中心而下。有顷，势若奔
tāo jiàn mò yǐ suǒ chū shuǐ zhǐ zhī ér yù qí huá yě
涛溅沫，以所出水止之，而育其华[25]也。

fán zhuó zhì zhū wǎn lìng mò bō jūn zì shū bìng
凡酌，置诸碗，令沫饽[26]均（字书并
běn cǎo bō míng mò yě pú hù fǎn mò bō
《本草》：饽，茗沫也，蒲笏反）。沫饽，
tāng zhī huá yě huá zhī bó zhě yuē mò hòu zhě yuē bō xì
汤之华也。华之薄者曰沫，厚者曰饽。细
qīng zhě yuē huā rú zǎo huā piāo piāo rán yú huán chí zhī shàng
轻者曰花，如枣花漂漂然于环池之上；
yòu rú huí tán qū zhǔ qīng píng zhī shǐ shēng yòu rú qíng tiān
又如回潭[27]曲渚[28]青萍之始生；又如晴天
shuǎng lǎng yǒu fú yún lín rán qí mò zhě ruò lǜ qián fú
爽朗有浮云鳞然。其沫者，若绿钱[29]浮
yú shuǐ wèi yòu rú jú yīng duò yú zūn zǔ zhī zhōng bō
于水渭，又如菊英[30]堕于鐏[31]俎[32]之中。饽
zhě yǐ zǐ zhǔ zhī jí fèi zé chóng huá lěi mò pó
者，以滓煮之，及沸，则重华累沫，皤
pó rán ruò jī xuě ěr chuǎn fù suǒ wèi huàn rú jī
皤[33]然若积雪耳，《荈赋》所谓“焕如积

xuě yè ruò chūn fū yǒu zhī
雪，烨[34]若春蔌[35]”，有之。

dì yī zhǔ shuǐ fèi ér qì qí mò zhī shàng yǒu shuǐ
第一煮水沸，而弃其沫，之上有水

mó rú hēi yún mǔ yǐn zhī zé qí wèi bù zhèng qí dì
膜，如黑云母[36]，饮之则其味不正。其第

yī zhě wéi juàn yǒng xú xiàn quán xiàn èr fǎn zhì měi zhě
一者为隽永（徐县、全县二反，至美者，

yuē juàn yǒng juàn wèi yě yǒng cháng yě wèi cháng yuē
曰隽永。隽，味也，永，长也。味长曰

juàn yǒng hàn shū kuǎi tōng zhù juàn yǒng èr shí piān
隽永。《汉书》：蒯通著《隽永》二十篇

yě huò liú shú yú yǐ zhù zhī yǐ bèi yù huá
也[37]），或留熟［盂］以贮之[38]，以备育华

jiù fèi zhī yòng zhū dì yī yǔ dì èr dì sān wǎn cì zhī
救沸之用。诸第一与第二、第三碗次之。

dì sì dì wǔ wǎn wài fēi kě shèn mò zhī yǐn fán zhǔ shuǐ
第四、第五碗外，非渴甚莫之饮。凡煮水

yī shēng zhuó fēn wǔ wǎn wǎn shù shǎo zhì sān duō zhì
一升，酌分五碗[39]。（碗数少至三，多至

wǔ ruò rén duō zhì shí jiā liǎng lú chéng rè lián yǐn zhī
五。若人多至十，加两炉）乘热连饮之，

yǐ zhòng zhuó níng qí xià jīng yīng fú qí shàng rú lěng zé
以重浊凝其下，精英浮其上。如冷，则

jīng yīng suí qì ér jié yǐn chuò bù xiāo yì rán yǐ
精英随气而竭，饮啜不消亦然矣。

chá xìng jiǎn bù yí guǎng guǎng zé qí wèi àn dàn
茶性俭，不宜广，［广］则其味黯澹。
qiě rú yī mǎn wǎn chuò bàn ér wèi guǎ kuàng qí guǎng hū
且如一满碗，啜半而味寡，况其广乎！
qí sè xiāng yě qí xīn sǐ yě xiāng zhì měi yuē sǐ
其色缃[40]也。其馨欽[41]也。（香至美曰欽，
sǐ yīn shǐ qí wèi gān jiǎ yě bù gān ér kǔ chuǎn yě
欽音使）其味甘，槚也；不甘而苦，荈也；
chuò kǔ yàn gān chá yě běn cǎo yún qí wèi
啜苦咽甘，茶也。（《本草》云[42]：其味
kǔ ér bù gān jiǎ yě gān ér bù kǔ chuǎn yě
苦而不甘，槚也；甘而不苦，荈也）

注 释

1. 熛：迸飞的火焰。

2. 炮：用火烘烤。

3. 培塿：小山或小土堆。

4. 漆：涂漆。

5. 科：同“颗”。

6. 穰：泛指黍稷稻麦等植物的茎秆。

7. 倪倪：弱小的样子。

8. 越：飘散，散失。

9. 燔：火烧，烤炙。

10. 膏木：有油脂的树木。

11. 劳薪之味：指用陈旧或其他不适宜的木柴烧煮而致使味道受影响的食物，典出《世说新语》术解第二十：“荀勖尝在晋武帝坐上食笋进饭，谓在坐人曰：‘此是劳薪炊也。’坐者未之信，密遣问之，实用故车脚。”《晋书》卷三九亦载有此事。

12. 岷方之注：岷江流淌的清水。

13. 揖：通“挹”，汲取。

14. 乳泉：从石钟乳滴下的水，甘美而清洌的泉水。

15. 瀑涌湍漱：山水汹涌翻腾冲击。瀑，水飞溅。湍，水势急而旋。

16. 澄：清澈而不流动。

17. 浸：泛指河泽湖泊。

18. 火天：热天，夏天，五行火主夏，故称。

19. 霜郊：疑为霜降之误。霜降，节气名，公历 10 月 23 日或 24 日。火天至霜郊，指公历 6 月至 10 月霜降以前的这段时间。

20. 潜龙：潜居于水中的龙蛇，蓄毒于水内。实际应当是停滞不泄的积水积存有动植物腐败物，滋生了细菌和微生物，经微生物的分解，产生一些于人身有害的可溶性物质。

21. 鱼目：水初沸时水面出现的像鱼眼睛的小水泡。唐宋时代也称其为虾目、蟹眼。

22. 则水合量：则，估算。估算水的多少调放适量的食盐。

23. 弃其啜余：将尝过剩下的水倒掉。

24. 无乃䶣\u9f43而钟其一味乎：不是因为水中无味而只喜欢盐这一种味道啊。

䤘鑑，无味。

25. 华：精华，汤花，茶汤表面的浮沫。

26. 饽：茶汤表面上的浮沫。

27. 回潭：回旋流动的潭水。

28. 曲渚：曲曲折折的洲渚。渚，水中陆地。

29. 绿钱：苔藓的别称。

30. 菊英：菊花，不结果的花叫英，英是花的别名。

31. 镈：盛酒的器皿，与尊、樽、罇诸字同。

32. 俎：盛肉的器皿。

33. 皤皤：白色。

34. 烨：明亮，火盛，光辉灿烂。

35. 蔌：花的通名。

36. 黑云母：云母为一种矿物结晶体，片状，薄而脆，有光泽。因所含矿物元素不同而有多种颜色，黑云母是其中的一种。

37. 蒯通著《隽永》二十篇也：语出《汉书》卷四十五《蒯通传》，文曰："（蒯）通论战国时说士权变，亦自序其说，凡八十一首，号曰《隽永》。"

38. 或留熟［盂］以贮之：将第一沸撇掉黑云母的水留一份在熟盂中待用。

39. 凡煮水一升，酌分五碗：唐代一升约为今六百毫升，则一碗茶之量约为一百二十毫升。

40. 缃：浅黄色。

41. 歕：香美。

42.《本草》云：原本作"一本云"，有研究者认为据此可知《茶经》文中小注不全为陆羽所注。按明代一种版本为"《本草》云"，可解决此问题。

译　文

烤炙饼茶，注意不要在通风的余火上烤，因为风吹会使火苗迸飞飘忽不定像钻子，使茶饼各部分受热不均匀。烤茶时要夹着茶饼靠近火，常常翻动，等到茶饼表面被烤出像虾蟆背上的小疙瘩一样的突起时，然后离火五寸。等到卷曲突起的茶饼表面又舒展开来，再按先前的办法又烤一次。如果制茶时是用火烘干的，以烤到有香气为度；如果是晒干的，以烤到柔软为好。

开始制茶的时候，对于很柔嫩的茶叶，蒸茶后乘热舂捣，叶子捣烂了，而芽头还存在。如果只用蛮力，用千斤重杵也无法将芽头捣烂。这就如同涂漆的圆珠子，轻而圆滑，力大之人反而拿不住它一样。捣好的茶叶好像一条茎梗也没有。这样的茶饼经过烤炙，就会柔软得像婴儿的手臂。烤好的茶饼要趁热用纸袋装起来，使它的香气不致散失，等冷却了再碾成末。（碾得好的茶像细米，不好的像菱角）

烤茶煮茶燃料，最好用木炭，其次用火力强劲的木柴（如桑、槐、桐、枥之类的木柴）。曾经烤过肉，染上了腥膻油腻气味的木炭，以及有油脂的木柴（如柏、桂、桧等之类）、朽坏的木器（如曾被涂抹以及破败的木器），都不能用。古人说用不适宜的木柴烧煮食物会有怪味，所谓“劳薪之味”，确实如此。

煮茶用水，以山水为最好，其次是江河水，井水最差。（如同《荈赋》所言：“水则岷方之注，揖彼清流 。”）山水，最好选取甘美的泉水、石池中缓慢流动的水，急流奔涌翻腾回旋的水不要饮用，长期喝这种水会使人颈部生病。此外还有一些停蓄于山谷的水泽，水虽清澈，但不流动。从炎热的夏天到秋天霜降之前，

也许有虫蛇潜伏其中，污染水质，要喝这种水，应先挖开缺口，让污秽有毒的水流走，使新的泉水涓涓而流，然后再汲取饮用。江河里的水，要到远离人烟的地方去取，井水则要从经常汲用的井中汲取。

煮水时，当水沸腾冒出像鱼眼般的水泡，有轻微的响声，就是一沸。锅边缘四周的水泡像连珠般涌动时，称作二沸。当水像波浪般翻滚奔腾时，已经是三沸。三沸以上的水再继续煮，水就过老不宜饮用了。水刚开始沸腾时，按照水量放入适当的盐以调味，把尝剩下的那点水泼掉。切莫因为水无味而只喜欢盐这一种味道。第二沸时，舀出一瓢水，用竹筴在沸水中心转圈搅动，用则量取茶末从漩涡中心倒入。一会儿，锅中波涛翻滚，水沫飞溅，把刚才舀出的水倒入，减轻水的沸腾，以保养表面生成的汤花。

将茶分盛到碗里喝时，要让沫饽均匀地舀分到每只碗里。沫饽，就是茶汤的汤花。汤花薄的叫沫，厚的叫饽，细轻的叫花。汤花，有的像枣花在圆形的池塘上漂然浮动，有的像回环的潭水、曲折的洲渚间新生的浮萍，有的则像晴朗天空中的鳞状浮云。茶沫，好似青苔浮在水边，又如菊花飘落杯碗之中。茶饽，是烹煮茶滓时，沸腾后茶汤表面形成的层层汤花茶沫，白白的像积雪一般。《荈赋》中讲汤花“明亮像积雪，灿烂如春花”，确实是这样。

水刚煮开时，把水面上的水沫去掉，因为水沫上有一层像黑云母样的膜状物，饮用的话味道不好。此后，从锅里舀出的第一瓢水，味美味长，称为隽永（隽音徐县反、全县反。最美的味道称为隽永。隽，味也，永，长也。味长就是隽永。《汉书》中说蒯通著《隽永》二十篇），通常贮放在熟盂里，以备减轻沸腾、养育汤华时用。以下第一、第二、第三碗的水，味道略差些。第四、第五碗以后的，要不是渴得太厉害，就不要喝了。一般煮水一升，分作五碗。（碗数最少三碗，最多五碗。如果饮茶人数多到十个，就加煮两炉）喝茶要趁热连着喝完，因为重浊不清的物质凝聚在下，精华漂浮在上。如果茶冷了，精华就会随热气散失消竭，即使连着喝也一样。

茶性俭约，水不宜多，水多就味道淡薄。就像一满碗茶，喝到一半味道就觉得淡了些，更何况水加多了呢！茶汤的颜色浅黄，味道香美。（最香美的味道称为𩡧）味道甘甜的是槚，不甜而苦的是荈，入口时苦咽下味甘的是茶。（《本草》说：味道苦而不甜的是槚，甜而不苦的是荈）

扫一扫 跟我读

liù zhī yǐn
六之饮

yì ér fēi máo ér zǒu qū ér yán cǐ sān zhě
翼而飞[1]，毛而走[2]，呿而言[3]。此三者

jù shēng yú tiān dì jiān yǐn zhuó yǐ huó yǐn zhī shí yì yuǎn
俱生于天地间，饮啄[4]以活，饮之时义远

yǐ zāi zhì ruò jiù kě yǐn zhī yǐ jiāng juān yōu fèn
矣哉！至若救渴，饮之以浆[5]；蠲[6]忧忿，

yǐn zhī yǐ jiǔ dàng hūn mèi yǐn zhī yǐ chá
饮之以酒；荡昏寐，饮之以茶。

chá zhī wéi yǐn fā hū shén nóng shì wén yú lǔ
茶之为饮，发乎神农氏[7]，闻于鲁

zhōu gōng qí yǒu yàn yīng hàn yǒu yáng xióng sī mǎ xiàng
周公。齐有晏婴[8]，汉有扬雄、司马相

rú wú yǒu wéi yào jìn yǒu liú kūn zhāng zǎi yuǎn
如[9]，吴有韦曜[10]，晋有刘琨[11]、张载[12]、远

zǔ nà xiè ān zuǒ sī zhī tú jiē yǐn yān pāng
祖纳[13]、谢安[14]、左思[15]之徒，皆饮焉。滂

shí jìn sú shèng yú guó cháo liǎng dū bìng jīng yú
时浸俗[16]，盛于国朝[17]，两都[18]并荆[19]渝[20]

jiān yǐ wéi bǐ wū zhī yǐn
间，以为比屋之饮[21]。

yǐn yǒu cū chá sǎn chá mò chá bǐng chá zhě
饮有粗茶、散茶、末茶、饼茶者，

nǎi zhuó nǎi áo nǎi yàng nǎi chōng zhù yú píng fǒu zhī
乃斫、乃熬、乃炀、乃舂[22]，贮于瓶缶之

zhōng yǐ tāng wò yān wèi zhī ān chá huò yòng cōng
中，以汤沃焉，谓之痷茶[23]。或用葱、

jiāng zǎo jú pí zhū yú bò hé zhī děng zhǔ zhī bǎi
姜、枣、橘皮、茱萸[24]、薄荷之等，煮之百

fèi huò yáng lìng huá huò zhǔ qù mò sī gōu qú jiān qì shuǐ
沸，或扬令滑，或煮去沫。斯沟渠间弃水

ěr ér xí sú bù yǐ
耳，而习俗不已。

wū hū tiān yù wàn wù jiē yǒu zhì miào rén zhī suǒ
於戏！天育万物，皆有至妙。人之所

gōng dàn liè qiǎn yì suǒ bì zhě wū wū jīng jí suǒ zhuó
工，但猎浅易。所庇者屋，屋精极；所著

zhě yī yī jīng jí suǒ bǎo zhě yǐn shí shí yǔ jiǔ jiē jīng
者衣，衣精极；所饱者饮食，食与酒皆精

jí zhī chá yǒu jiǔ nán yī yuē zào èr yuē bié sān yuē
极之。茶有九难：一曰造，二曰别，三曰
qì sì yuē huǒ wǔ yuē shuǐ liù yuē zhì qī yuē mò
器，四曰火，五曰水，六曰炙，七曰末，
bā yuē zhǔ jiǔ yuē yǐn yīn cǎi yè bèi fēi zào yě jiáo
八曰煮，九曰饮。阴采夜焙，非造也；嚼
wèi xiù xiāng fēi bié yě shān dǐng xīng ōu fēi qì yě
味嗅香，非别也；膻鼎腥瓯，非器也；
gāo xīn páo tàn fēi huǒ yě fēi tuān yōng lǎo fēi shuǐ
膏薪庖炭，非火也；飞湍壅潦，非水
yě wài shú nèi shēng fēi zhì yě bì fěn piāo chén fēi mò
也；外熟内生，非炙也；碧粉缥尘，非末
yě cāo jiān jiǎo jù fēi zhǔ yě xià xīng dōng fèi fēi
也；操艰搅遽[25]，非煮也；夏兴冬废，非
yǐn yě
饮也。

fú zhēn xiān fù liè zhě qí wǎn shù sān cì zhī
夫珍鲜馥烈者[26]，其碗数三。次之
zhě wǎn shù wǔ ruò zuò kè shù zhì wǔ xíng sān wǎn zhì
者，碗数五[27]。若坐客数至五，行三碗；至
qī xíng wǔ wǎn ruò liù rén yǐ xià bù yuē wǎn shù
七，行五碗；若六人已下[28]，不约碗数，
dàn quē yī rén ér yǐ qí juàn yǒng bǔ suǒ quē rén
但阙一人而已，其隽永补所阙人。

注　释

1. 翼而飞：有翅膀能飞的禽类。

2. 毛而走：身被皮毛善于奔走的兽类。

3. 呿而言：张口会说话的人类。呿，张口状。

4. 饮啄：饮水啄食。啄，鸟用嘴取食。

5. 浆：古代一种微酸的饮料。

6. 蠲：除去，清除。

7. 神农氏：又被称为炎帝，传说中的古帝，三皇之一，姜姓。因以火德王，故称炎帝；相传以火名官，作耒耜，教人耕种，故又号神农氏。

8. 晏婴（？—前500）：春秋时齐国大夫，字平仲，春秋时齐国夷维（今山东高密）人，继承父（桓子）职为齐卿，后相齐景公，以节俭力行，善于辞令，名显诸侯。《史记》卷六二有传。

9. 司马相如：字长卿，西汉景帝、武帝时四川成都人，官至孝文园令，汉朝著名文学家，作有《凡将篇》等。《史记》卷一一七、《汉书》卷五七皆有传。

10. 韦曜（220—280）：本名韦昭，字弘嗣，晋陈寿著《三国志》时避司马昭名讳改其名。三国吴人，官至太傅，后为孙皓所杀。《三国志》卷六〇有传。

11. 刘琨（271—318）：字越石，中山魏昌（今河北无极）人，晋将领、诗人，西晋时任并州刺史，拜平北大将军，都督并、幽、冀三州诸军事，死后追封为司空。《晋书》卷六二有传。

12. 张载：字孟阳，西晋文学家，安平（今河北深州）人，官至中书侍郎，与弟协、亢俱以文学名，时称“三张”，《晋书》卷五五有传。

13. 远祖纳：即陆纳（320？—395），字祖言，晋时吴郡吴（今江苏苏州）人，官至尚书令，拜卫将军。《晋书》卷七七有传。中唐以前，门阀观念与谱牒制度仍较强烈，陆羽因与陆纳同姓，故称之为远祖。高祖、曾祖以上的祖先称为远祖。

14. 谢安（320—385）：字安石，陈郡阳夏（今河南太康）人，东晋政治家，官至太保、大都督，因领导淝水之战有功，死后被追封为庐陵郡公。《晋书》卷七七有传。

15. 左思（约250—305）：字太冲，齐国临淄（今山东淄博）人，西晋文学家，著名的《三都赋》的作者，写有《娇女诗》。晋武帝时始任秘书郎，齐王冏命为记室督，辞疾不就。《晋书》卷九二有传。

16. 滂时浸俗：影响渗透成为社会风气。滂，水势盛大浸涌，引申为浸润的意思。浸，渐渍、浸淫的意思。

17. 国朝：指陆羽自己所处的唐朝。

18. 两都：指唐朝的西京长安（今陕西西安）和东都洛阳。

19. 荆：荆州，江陵府，天宝间一度为江陵郡，是唐代的大都市之一，也是最大的茶市之一。

20. 渝：渝州，天宝间称南平郡，治巴县（今重庆）。唐代荆渝间诸州县多产茶。

21. 比屋之饮：家家户户都饮茶。比，通“毗”，毗连。

22. 乃斫、乃熬、乃炀、乃舂：斫，伐枝取叶。熬，蒸茶。炀，焙茶使干。舂，碾磨成粉。

23. 贮于瓶缶之中，以汤沃焉，谓之痷茶：将磨好的茶粉放在瓶罐之类的容器里，用开水浇下去，称为泡茶。痷，《茶经》中的泡茶术语，指以水浸泡茶叶之意。缶，一种大腹紧口的瓦器。

24. 茱萸：落叶乔木或半乔木，有山茱萸、吴茱萸、食茱萸三种，果实红色，有香气，入药，古人常取它的果实或叶子作烹调佐料。

25. 遽：急速，匆忙。

26. 珍鲜馥烈者：香高味美的好茶。

27. 其碗数三。次之者，碗数五：这里与前文《五之煮》的相关文字相呼应："诸第一与第二、第三碗次之。第四、第五碗外，非渴甚莫之饮。""碗数少至三，多至五。"

28. 若六人已下：此处"六"疑可能为"十"之误，因前文《五之煮》有小注曰"碗数少至三，多至五。若人多至十，加两炉"，则此处所言之数当为七人以上十人以下。

译　文

禽鸟有翅而飞，兽类身被皮毛善于奔跑，人类开口能言，三者都生存于天地之间，依靠喝水、吃食物来维持生命，可见饮的时间漫长，意义深远。为了解渴，则要饮浆；为了消愁解闷，则要喝酒；为了提神解除瞌睡，则要喝茶。

茶作为饮料，开始于神农氏，周公作了文字记载而为世人所知。春秋时齐国的晏婴，汉代的扬雄、司马相如，三国时吴国的韦曜，晋代的刘琨、张载、陆纳、谢安、左思等人都爱喝茶。后来流传日广，逐渐形成风气，到了唐朝，

饮茶之风非常盛行，在西安、洛阳东西两个都城和江陵、重庆等地，更是家家户户饮茶。

饮用的茶，有粗茶、散茶、末茶、饼茶。这些茶都经过伐枝采叶、蒸熬、烤炙、碾磨，放到瓶缶中，用开水冲泡，这叫作浸泡的茶。或加入葱、姜、枣、橘皮、茱萸、薄荷之类东西，煮沸很长时间，或者把茶汤扬起使之变得柔滑，或者在煮的时候把茶汤上的沫去掉。这样的茶汤无异于沟渠里的废水，可是这样的习俗至今都延续不变。

呜呼！天生万物，都有它最精妙之处，人们所擅长的，都只是那些浅显易做的。住的是房屋，房屋构造精致极了；穿的是衣服，衣服做得精美极了；饱肚子的是饮食，食物和酒都精美极了。而茶要做到精致则有九大难点：一是制造，二是识别，三是器具，四是用火，五是择水，六是烤炙，七是研末，八是烹煮，九是品饮。阴天采摘和夜间焙制，是制造不当；口嚼辨味，鼻闻辨香，是鉴别不当；沾染了膻腥气的锅碗，是器具不当；用有油烟的和烤过肉的柴炭，是燃料不当；用急流奔涌或停滞不流的水，是用水不当；烤得外熟内生，是烤炙不当；把茶研磨成太细的青白色的粉末，是研末不当；操作不熟练或搅动太急，是烹煮不当；夏天喝而冬天不喝，是饮用不当。

精美鲜爽芳香浓烈的茶，（一炉）只有三碗。其次是一炉煮五碗。假若座上客人达到五人，就分酌三碗；座客达到七人，就以五碗匀分；假若是六人以下（六人或当为十人），就不必估量碗数，只要按少一个人计算，用“隽永”那瓢水来补充所少算的一份。

扫一扫 跟我读

七之事

三皇 炎帝神农氏

周 鲁周公旦，齐相晏婴

汉 仙人丹丘子，黄山君[1]，司马文园令相如，扬执戟雄

吴 归命侯[2]，韦太傅弘嗣

晋 惠帝[3]，刘司空琨，琨兄子兖州

cì shǐ yǎn zhāng huáng mén mèng yáng fù sī lì xián
刺史演[4]，张黄门孟阳[5]，傅司隶咸[6]，

jiāng xiǎn mǎ tǒng sūn cān jūn chǔ zuǒ jì shì tài chōng
江洗马统[7]，孙参军楚[8]，左记室太冲，

lù wú xīng nà nà xiōng zǐ kuài jī nèi shǐ chù xiè guàn
陆吴兴纳，纳兄子会稽内史俶，谢冠

jūn ān shí guō hóng nóng pú huán yáng zhōu wēn dù shè
军安石，郭弘农璞，桓扬州温[9]，杜舍

rén yù wǔ kāng xiǎo shān sì shì fǎ yáo pèi guó xià hóu
人育，武康小山寺释法瑶[10]，沛国夏侯

kǎi yú yáo yú hóng běi dì fù xùn dān yáng hóng jūn
恺[11]，余姚虞洪[12]，北地傅巽[13]，丹阳弘君

jǔ lè ān rèn yù cháng xuān chéng qín jīng dūn huáng
举[14]，乐安任育长[15]，宣城秦精[16]，敦煌

shàn dào kāi shàn xiàn chén wù qī guǎng líng lǎo mǔ
单道开[17]，剡县陈务妻[18]，广陵老姥[19]，

hé nèi shān qiān zhī
河内山谦之[20]

hòu wèi láng yá wáng sù
后魏[21] 琅琊王肃[22]

sòng xīn ān wáng zǐ luán luán xiōng yù zhāng wáng zǐ
宋[23] 新安王子鸾，鸾兄豫章王子

shàng bào zhào mèi lìng huī bā gōng shān shā mén tán jì
尚[24]，鲍照妹令晖[25]，八公山沙门昙济[26]

qí shì zǔ wǔ dì
齐[27] 世祖武帝[28]

liáng liú tíng wèi táo xiān sheng hóng jǐng
梁[29] 刘廷尉[30]，陶先生弘景[31]

huáng cháo xú yīng gōng jì
皇朝 徐英公勣[32]

shén nóng shí jīng chá míng jiǔ fú lìng rén
《神农食经》[33]："茶茗久服，令人

yǒu lì yuè zhì
有力、悦志。"

zhōu gōng ěr yǎ jiǎ kǔ tú
周公《尔雅》："槚，苦荼。"

guǎng yǎ yún jīng bā jiān cǎi yè zuò bǐng
《广雅》[34]云："荆、巴间采叶作饼，

yè lǎo zhě bǐng chéng yǐ mǐ gāo chū zhī yù zhǔ míng yǐn
叶老者，饼成，以米膏出之。欲煮茗饮，

xiān zhì lìng chì sè dǎo mò zhì cí qì zhōng yǐ tāng jiāo fù
先炙令赤色，捣末置瓷器中，以汤浇覆

zhī yòng cōng jiāng jú zi mào zhī qí yǐn xǐng jiǔ
之，用葱、姜、橘子芼[35]之。其饮醒酒，

lìng rén bù mián
令人不眠。"

yàn zǐ chūn qiū yīng xiàng qí jǐng gōng shí
《晏子春秋》[36]："婴相齐景公时，

shí tuō sù zhī fàn zhì sān yì wǔ mǎo míng cài ér yǐ
食脱粟之饭，炙三弋、五卯[37]，茗菜[38]而已。"

sī mǎ xiàng rú fán jiàng piān wū huì
司马相如《凡将篇》[39]："乌喙[40]、

jié gěng yuán huá kuǎn dōng bèi mǔ mù niè
桔梗[41]、芫华[42]、款冬[43]、贝母[44]、木蘖[45]、

lóu qín cǎo sháo yào guì lòu lú fěi
蒌[46]、芩草[47]、芍药[48]、桂[49]、漏芦[50]、蜚

lián huán jūn chuǎn chà bái liǎn bái zhǐ chāng
廉[51]、雚菌[52]、荈诧[53]、白敛[54]、白芷[55]、菖

pú máng xiāo guǎn jiāo zhū yú
蒲[56]、芒消[57]、莞椒[58]、茱萸。”

fāng yán shǔ xī nán rén wèi chá yuē shè
《方言》[59]：“蜀西南人谓茶曰蔎。”

wú zhì wéi yào zhuàn sūn hào měi xiǎng
《吴志·韦曜传》[60]：“孙皓每飨

yàn zuò xí wú bù shuài yǐ qī shēng wéi xiàn suī bù jìn rù
宴，坐席无不率以七升为限，虽不尽入

kǒu jiē jiāo guàn qǔ jìn yào yǐn jiǔ bù guò èr shēng hào chū
口，皆浇灌取尽。曜饮酒不过二升。皓初

lǐ yì mì cì chá chuǎn yǐ dài jiǔ
礼异，密赐茶荈以代酒。”

jìn zhōng xīng shū lù nà wéi wú xīng tài shǒu
《晋中兴书》[61]：“陆纳为吴兴太守

shí wèi jiāng jūn xiè ān cháng yù yì nà jìn shū
时，卫将军谢安常欲诣纳。（《晋书》

yún nà wéi lì bù shàng shū nà xiōng zǐ chù guài nà wú
云：纳为吏部尚书）[62]纳兄子俶怪纳无

suǒ bèi bù gǎn wèn zhī nǎi sī xù shí shù rén zhuàn ān jì
所备，不敢问之，乃私蓄十数人馔。安既

zhì suǒ shè wéi chá guǒ ér yǐ chù suì chén shèng zhuàn zhēn
至，所设唯茶果而已。俶遂陈盛馔，珍

xiū bì jù jí ān qù nà zhàng chù sì shí yún rǔ
羞必具。及安去，纳杖俶四十，云：‘汝

jì bù néng guāng yì shū fù nài hé huì wú sù yè
既不能光益叔父，奈何秽吾素业？’”

jìn shū huán wēn wéi yáng zhōu mù xìng
《晋书》[63]：“桓温为扬州牧，性

jiǎn měi yàn yǐn wéi xià qī dìng bàn chá guǒ ér yǐ
俭，每燕饮唯下[64]七奠[65]拌[66]茶果而已。”

sōu shén jì xià hóu kǎi yīn jí sǐ zōng rén
《搜神记》[67]：“夏侯恺因疾死。宗人

zì gǒu nú chá jiàn guǐ shén jiàn kǎi lái shōu mǎ bìng bìng qí
字苟奴察见鬼神。见恺来收马，并病其

qī zhuó píng shàng zé dān yī rù zuò shēng shí xī bì
妻。著平上帻[68]、单衣，入坐生时西壁

dà chuáng jiù rén mì chá yǐn
大床，就人觅茶饮。”

liú kūn yǔ xiōng zǐ nán yǎn zhōu cì shǐ yǎn shū
刘琨《与兄子南兖州[69]刺史演书》

yún qián dé ān zhōu gān jiāng yī jīn guì yī jīn huáng
云：“前得安州[70]干姜一斤、桂一斤、黄

qín yī jīn jiē suǒ xū yě wú tǐ zhōng kuì mèn cháng yǎng
芩一斤，皆所须也。吾体中愦[71]闷，常仰

zhēn chá rǔ kě zhì zhī
真茶[72]，汝可置之。”

fù xián sī lì jiào yuē wén nán shì yǒu shǔ
傅咸《司隶教》[73]曰："闻南市有蜀
yù zuò chá zhōu mài wéi lián shì dǎ pò qí qì jù
妪，作茶粥[74]卖，为廉事[75]打破其器具，
hòu yòu mài bǐng yú shì ér jìn chá zhōu yǐ kùn shǔ mǔ
后又卖饼于市。而禁茶粥以困蜀姥，
hé zāi
何哉？"

shén yì jì yú yáo rén yú hóng rù shān cǎi
《神异记》[76]："余姚人虞洪入山采
míng yù yī dào shì qiān sān qīng niú yǐn hóng zhì pù bù
茗，遇一道士，牵三青牛，引洪至瀑布
shān yuē wú dān qiū zǐ yě wén zǐ shàn jù yǐn cháng
山曰：'吾，丹丘子也。闻子善具饮，常
sī jiàn huì shān zhōng yǒu dà míng kě yǐ xiāng jǐ qí zǐ
思见惠。山中有大茗可以相给。祈子
tā rì yǒu ōu suō zhī yú qǐ xiāng wèi yě yīn lì diàn
他日有瓯牺之余，乞相遗也。'因立奠
sì hòu cháng lìng jiā rén rù shān huò dà míng yān
祀，后常令家人入山，获大茗焉。"

zuǒ sī jiāo nǚ shī wú jiā yǒu jiāo nǚ
左思《娇女诗》[77]："吾家有娇女，
jiǎo jiǎo pō bái xī xiǎo zì wéi wán sù kǒu chǐ zì qīng
皎皎颇白皙[78]。小字[79]为纨素，口齿自清
lì yǒu zǐ zì huì fāng méi mù càn rú huà chí wù xiáng
历。有姊字惠芳，眉目粲如画。驰骛翔

yuán lín guǒ xià jiē shēng zhāi tān huá fēng yǔ zhōng shū
园林，果下皆生摘。贪华风雨中，倏

hū shù bǎi shì xīn wéi chá chuǎn jù chuī xū duì dǐng
忽[80]数百适[81]。心为茶荈剧，吹嘘对鼎

lì
鬲[82]。”

zhāng mèng yáng dēng chéng dū lóu shī yún jiè
张孟阳《登成都楼》[83]诗云：“借

wèn yáng zǐ shè xiǎng jiàn cháng qīng lú chéng zhuó lěi qiān
问扬子舍，想见长卿庐[84]。程卓累千

jīn jiāo chǐ nǐ wǔ hóu mén yǒu lián qí kè cuì dài yāo
金[85]，骄侈拟五侯[86]。门有连骑客，翠带腰

wú gōu dǐng shí suí shí jìn bǎi hé miào qiě shū pī lín
吴钩[87]。鼎食随时进，百和妙且殊[88]。披林

cǎi qiū jú lín jiāng diào chūn yú hēi zǐ guò lóng hǎi
采秋橘，临江钓春鱼。黑子过龙醢[89]，

guǒ zhuàn yú xiè xū fāng chá guàn liù qīng yì wèi bō jiǔ
果馔逾蟹蝑[90]。芳茶冠六清[91]，溢味播九

qū rén shēng gǒu ān lè zī tǔ liáo kě yú
区[92]。人生苟安乐，兹土聊可娱。”

fù xùn qī huì pú táo wǎn nài qí shì
傅巽《七诲》：“蒲桃宛柰[93]，齐柿

yān lì héng yáng huáng lí wū shān zhū jú nán zhōng chá
燕栗，峘阳[94]黄梨，巫山朱橘，南中[95]茶

zǐ xī jí shí mì
子，西极石蜜[96]。”

hóng jūn jǔ shí xí hán wēn jì bì yīng
弘君举《食檄》：“寒温[97]既毕，应
xià shuāng huá zhī míng sān jué ér zhōng yīng xià zhū zhè
下霜华之茗[98]；三爵[99]而终，应下诸蔗、
mù guā yuán lǐ yáng méi wǔ wèi gǎn lǎn xuán bào
木瓜、元李、杨梅、五味、橄榄、悬豹、
kuí gēng gè yī bēi
葵羹[100]各一杯。”

sūn chǔ gē zhū yú chū fāng shù diān lǐ
孙楚《歌》[101]：“茱萸出芳树颠，鲤
yú chū luò shuǐ quán bái yán chū hé dōng měi chǐ chū lǔ
鱼出洛水泉。白盐出河东[102]，美豉出鲁
yuān jiāng guì chá chuǎn chū bā shǔ jiāo jú
渊[103]。姜、桂、茶荈出巴蜀，椒、橘、
mù lán chū gāo shān liǎo sū chū gōu qú jīng bài chū zhōng
木兰出高山。蓼苏[104]出沟渠，精稗出中
tián
田[105]。”

huà tuó shí lùn kǔ chá jiǔ shí yì yì sī
华佗《食论》[106]：“苦茶久食，益意思。”

hú jū shì shí jì kǔ chá jiǔ shí yǔ
壶居士《食忌》[107]：“苦茶久食，羽
huà yǔ jiǔ tóng shí lìng rén tǐ zhòng
化[108]；与韭同食，令人体重。”

guō pú ěr yǎ zhù yún shù xiǎo sì zhī zǐ
郭璞《尔雅注》云：“树小似栀子，

dōng shēng yè　kě zhǔ gēng yǐn　jīn hū zǎo qǔ wéi chá
冬生叶[109]，可煮羹饮。今呼早取为茶，
wǎn qǔ wéi míng　huò yī yuē chuǎn　shǔ rén míng zhī kǔ tú
晚取为茗，或一曰荈，蜀人名之苦荼。”

shì shuō　rèn zhān　zì yù cháng　shào shí
《世说》[110]：“任瞻，字育长，少时
yǒu lìng míng　zì guò jiāng shī zhì　jì xià yǐn　wèn rén
有令名[111]，自过江失志[112]。既下饮，问人
yún　cǐ wéi chá　wéi míng　jué rén yǒu guài sè
云：‘此为茶？为茗？’觉人有怪色，
nǎi zì fēn míng yún　xiàng wèn yǐn wéi rè wéi lěng
乃自分明云：‘向问饮为热为冷。’”

xù sōu shén jì　jìn wǔ dì　shí　xuān
《续搜神记》[113]：“晋武帝[114]时，宣
chéng rén qín jīng　cháng rù wǔ chāng shān　cǎi míng　yù yī máo
城人秦精，常入武昌山[115]采茗。遇一毛
rén　cháng zhàng yú　yǐn jīng zhì shān xià　shì yǐ cóng míng
人，长丈余，引精至山下，示以丛茗
ér qù　é ér fù huán　nǎi tàn huái zhōng jú yǐ wèi jīng　jīng
而去。俄而复还，乃探怀中橘以遗精。精
bù　fù míng ér guī
怖，负茗而归。”

jìn sì wáng qǐ shì　huì dì méng chén huán luò
《晋四王起事》[116]：“惠帝蒙尘还洛
yáng　huáng mén yǐ wǎ yú chéng chá shàng zhì zūn
阳[117]，黄门以瓦盂盛茶上至尊[118]。”

《异苑》[119]：“剡县陈务妻，少与二子寡居，好饮茶茗。以宅中有古冢，每饮辄先祀之。二子患之曰：‘古冢何知？徒以劳意。’欲掘去之。母苦禁而止。其夜，梦一人云：‘吾止此冢三百余年，卿二子恒欲见毁，赖相保护，又享吾佳茗，虽潜壤朽骨，岂忘翳桑之报[120]。’及晓，于庭中获钱十万，似久埋者，但贯新耳。母告二子，惭之，从是祷馈[121]愈甚。”

《广陵耆老传》[122]：“晋元帝[123]时有老姥，每旦独提一器茗，往市鬻之，市人竞买。自旦至夕，其器不减，所得钱散路

páng gū pín qǐ rén rén huò yì zhī zhōu fǎ cáo zhí zhī yù
傍孤贫乞人，人或异之。州法曹絷[124]之狱

zhōng zhì yè lǎo mǔ zhí suǒ yù míng qì cóng yù yǒu zhōng
中。至夜，老姥执所鬻茗器，从狱牖[125]中

fēi chū
飞出。”

yì shù zhuàn dūn huáng rén shàn dào kāi bù
《艺术传》：“敦煌人单道开，不

wèi hán shǔ cháng fú xiǎo shí zǐ suǒ fú yào yǒu sōng guì
畏寒暑，常服小石子。所服药有松、桂、

mì zhī qì suǒ yú chá sū ér yǐ
蜜之气，所余茶苏而已。”[126]

shì dào yuè xù míng sēng zhuàn sòng shì fǎ
释道说《续名僧传》[127]：“宋释法

yáo xìng yáng shì hé dōng rén yuán jiā zhōng guò jiāng
瑶，姓杨氏，河东人。元嘉[128]中过江，

yù shěn tái zhēn qǐng zhēn jūn wǔ kāng xiǎo shān sì nián
遇沈台真[129]，请真君武康小山寺，年

chuí xuán chē fàn suǒ yǐn chá yǒng míng zhōng chì wú xīng
垂悬车[130]，饭所饮茶。永明中，敕吴兴

lǐ zhì shàng jīng nián qī shí jiǔ
礼致上京，年七十九。”

sòng jiāng shì jiā zhuàn jiāng tǒng zì yīng yuān
宋《江氏家传》[131]：“江统，字应元。

qiān mǐn huái tài zǐ xiǎn mǎ cháng shàng shū jiàn yún
迁愍怀太子[132]洗马，常上疏，谏云：

jīn xī yuán mài xī miàn lán zi cài chá zhī
‘今西园卖醯[133]、面、蓝子、菜、茶之

shǔ kuī bài guó tǐ
属，亏败国体。’”

sòng lù xīn ān wáng zǐ luán yù zhāng
《宋录》[134]：“新安王子鸾、豫章

wáng zǐ shàng yì tán jì dào rén yú bā gōng shān dào rén shè
王子尚诣昙济道人于八公山，道人设

chá míng zǐ shàng wèi zhī yuē cǐ gān lù yě hé yán
茶茗。子尚味之曰：‘此甘露也，何言

chá míng
茶茗？’”

wáng wēi zá shī jì jì yǎn gāo gé
王微[135]《杂诗》：“寂寂掩高阁，

liáo liáo kōng guǎng shà dài jūn jìng bù guī shōu lǐng jīn jiù
寥寥空广厦。待君竟不归，收领今就

jiǎ
槚[136]。”

bào zhào mèi lìng huī zhù xiāng míng fù
鲍照妹令晖著《香茗赋》。

nán qí shì zǔ wǔ huáng dì yí zhào wǒ líng zuò
南齐世祖武皇帝遗诏[137]：“我灵座[138]

shàng shèn wù yǐ shēng wéi jì dàn shè bǐng guǒ chá yǐn
上慎勿以牲为祭，但设饼果、茶饮、

gān fàn jiǔ fǔ ér yǐ
干饭、酒脯而已。”

梁刘孝绰《谢晋安王饷米等启》[139]：“传诏[140]李孟孙宣教旨，垂赐米、酒、瓜、笋、菹[141]、脯、酢[142]、茗八种。气苾新城，味芳云松[143]。江潭抽节，迈昌荇之珍[144]；疆场擢翘，越葺精之美[145]。羞非纯束野麋，裛似雪之驴[146]。鲊异陶瓶河鲤[147]，操如琼之粲[148]。茗同食粲[149]，酢类望柑[150]。免千里宿舂，省三月粮聚[151]。小人怀惠，大懿[152]难忘。”

陶弘景《杂录》[153]：“苦茶轻身换骨，昔丹丘子、黄山君服之。”

《后魏录》：“琅琊王肃仕南朝，好茗饮、莼羹[154]。及还北地，又好羊肉、

lào jiāng rén huò wèn zhī míng hé rú lào sù yuē
酪浆。人或问之：‘茗何如酪？’肃曰：
míng bù kān yǔ lào wéi nú
‘茗不堪与酪为奴[155]。’”

tóng jūn lù xī yáng wǔchāng lú
《桐君录》[156]：“西阳[157]、武昌[158]、庐
jiāng jìn líng hào míng jiē dōng rén zuò qīng míng
江[159]、晋陵[160]好茗，皆东人作清茗[161]。
míng yǒu bō yǐn zhī yí rén fán kě yǐn zhī wù jiē
茗有饽，饮之宜人。凡可饮之物，皆
duō qǔ qí yè tiān mén dōng bá qiā qǔ gēn jiē yì
多取其叶。天门冬[162]、菝揳取根，皆益
rén yòu bā dōng bié yǒu zhēn míng chá jiān yǐn lìng rén bù
人。又巴东[163]别有真茗茶，煎饮令人不
mián sú zhōng duō zhǔ tán yè bìng dà zào lǐ zuò chá bìng
眠。俗中多煮檀叶并大皂李[164]作茶，并
lěng yòu nán fāng yǒu guā lú mù yì sì míng zhì kǔ
冷[165]。又南方有瓜芦木，亦似茗，至苦
sè qǔ wéi xiè chá yǐn yì kě tōng yè bù mián zhǔ yán rén
涩，取为屑茶饮，亦可通夜不眠。煮盐人
dàn zī cǐ yǐn ér jiāo guǎng zuì zhòng kè lái xiān shè
但资此饮，而交、广[166]最重，客来先设，
nǎi jiā yǐ xiāng mào bèi
乃加以香芼辈[167]。”

kūn yuán lù chén zhōu xù pǔ xiàn xī běi
《坤元录》[168]：“辰州溆浦县西北

sān bǎi wǔ shí lǐ wú yì shān yún mán sú dāng jí qìng zhī
三百五十里无射山[169]，云蛮俗当吉庆之

shí qīn zú jí huì gē wǔ yú shān shàng shān duō chá shù
时，亲族集会歌舞于山上。山多茶树。”

kuò dì tú lín zhēng xiàn dōng
《括地图》[170]：“临蒸县[171]东

yī bǎi sì shí lǐ yǒu chá xī
一百四十里有茶溪。”

shān qiān zhī wú xīng jì wū chéng xiàn xī
山谦之《吴兴记》：“乌程县[172]西

èr shí lǐ yǒu wēn shān chū yù chuǎn
二十里，有温山[173]，出御荈。”

yí líng tú jīng huáng niú jīng mén
《夷陵图经》[174]：“黄牛[175]、荆门[176]、

nǚ guān wàng zhōu děng shān chá míng chū yān
女观[177]、望州[178]等山，茶茗出焉。”

yǒng jiā tú jīng yǒng jiā xiàn dōng sān bǎi lǐ
《永嘉图经》：“永嘉[179]县东三百里

yǒu bái chá shān
有白茶山。”

huái yīn tú jīng shān yáng xiàn nán èr shí lǐ
《淮阴[180]图经》：“山阳县南二十里

yǒu chá pō
有茶坡。”

chá líng tú jīng yún chá líng zhě suǒ wèi
《茶陵[181]图经》云：“茶陵者，所谓

líng gǔ shēng chá míng yān
陵谷生茶茗焉。”

běn cǎo mù bù míng kǔ chá wèi
《本草·木部》[182]：“茗，苦茶。味

gān kǔ wēi hán wú dú zhǔ lòu chuāng lì xiǎo
甘苦，微寒，无毒。主瘘[183]疮[184]，利小

biàn qù tán kě rè lìng rén shǎo shuì qiū cǎi zhī kǔ zhǔ
便，去痰渴热，令人少睡。秋采之苦，主

xià qì xiāo shí zhù yún chūn cǎi zhī
下气消食。”注云：“春采之。”

běn cǎo cài bù kǔ cài yī míng
《本草·菜部》[185]：“苦菜，一名

tú yī míng xuǎn yī míng yóu dōng shēng yì zhōu
荼[186]，一名选[187]，一名游冬[188]，生益州[189]

chuān gǔ shān líng dào páng líng dōng bù sǐ sān yuè sān rì
川谷山陵道傍，凌冬不死。三月三日

cǎi gān zhù yún yí cǐ jí shì jīn chá yī
采，干。”注云[190]：“疑此即是今茶，一

míng tú lìng rén bù mián běn cǎo zhù àn
名荼，令人不眠。”《本草注》[191]：“按

shī yún shuí wèi tú kǔ yòu yún jǐn tú rú
《诗》云‘谁谓荼苦[192]’，又云‘堇荼如

yí jiē kǔ cài yě táo wèi zhī kǔ chá mù lèi
饴[193]’，皆苦菜也。陶谓之苦茶，木类，

fēi cài liú míng chūn cǎi wèi zhī kǔ chá tú xiá fǎn
非菜流。茗，春采，谓之苦搽（途遐反）。”

zhěn zhōng fāng　　liáo jī nián lòu　kǔ chá

《枕中方》[194]：“疗积年瘘，苦茶、

wú gōng bìng zhì　lìng xiāng shú　děng fēn　dǎo shāi　zhǔ gān

蜈蚣并炙，令香熟，等分，捣筛，煮甘

cǎo tāng xǐ　yǐ mò fù zhī

草汤洗，以末傅之。”

rú zǐ fāng　　liáo xiǎo ér wú gù jīng jué

《孺子方》[195]：“疗小儿无故惊蹶[196]，

yǐ kǔ chá　cōng xū zhǔ fú zhī

以苦茶、葱须煮服之。”

注　释

1. 黄山君：汉代仙人。

2. 归命侯：孙皓（242—283），三国时吴国的末代皇帝，字符仲，公元264—280年在位，于280年降晋，被封为归命侯。事见《三国志》卷四十八。

3. 惠帝：司马衷，西晋的第二代皇帝，公元290—306年在位，性痴呆，其皇后贾后专权，在位时有八王之乱。见《晋书》卷四《惠帝纪》。

4. 兖州刺史演：刘演，字始仁，刘琨侄。西晋末，北方大乱，刘琨表奏其任兖州刺史，东晋时官至都督、后将军。《晋书》卷六十二《刘琨传》有附传。

5. 张黄门孟阳：张载，字孟阳，曾任中书侍郎，未任过黄门侍郎，其弟张协（字景阳）任过此职。《晋书》卷五十五有传。《茶经》此处当有误记。

6. 傅司隶咸：傅咸（239—294），字长虞，西晋北地泥阳（今陕西铜川耀

州区）人，西晋哲学家，文学家傅玄之子，仕于晋武帝、惠帝时，历官尚书左、右丞，以议郎长兼司隶校尉等。《晋书》卷四七《傅玄传》中有附传。

7. 江洗马统：江统（？—310），字应元，西晋陈留圉县（今河南杞县南）人。西晋武帝时，初为山阳令，迁中郎，转太子洗马，在东宫多年，后迁任黄门侍郎、散骑常侍、国子博士。《晋书》卷五六有传。

8. 孙参军楚：孙楚（约218—293），字子荆，三国魏至西晋时太原中都县（今山西平遥）人，文学家，晋惠帝初官至冯翊太守。《晋书》卷五六有传。

9. 桓扬州温：桓温（312—373），字符子，一字元子，东晋谯国龙亢（今安徽怀远）人，明帝婿，官至大司马，任荆州刺史、扬州牧等。《晋书》卷九八有传。

10. 武康小山寺释法瑶：武康，自汉至清代都有这一县名，属吴兴郡（府），今浙江德清。释法瑶，东晋至南朝宋齐间著名涅槃师，慧净弟子。初住吴兴武康小山寺，后应请入建康，著有《涅槃》《法华》《大品》《胜鬘》等经及《百论》的疏释。

11. 沛国夏侯恺：沛国，今江苏沛县、丰县一带。夏侯恺，字万仁，《搜神记》卷一六中的人物。

12. 余姚虞洪：《搜神记》中之人物，余姚即今浙江余姚。

13. 北地傅巽：傅巽，傅咸的从祖父。北地，郡名，今陕西铜川耀州区一带。

14. 丹阳弘君举：丹阳，今属江苏镇江。弘君举，清严可均辑《全上古三代秦汉三国六朝文》之《全晋文》卷一三八录存其文。

15. 乐安任育长：乐安，在今山东邹平。任育长，任瞻，晋人。余嘉锡《世说新语笺疏》卷下之下《纰漏第三十四》载，晋武帝崩时（290）选百二十挽郎，任瞻在其中，时年少，有美名。笺疏引《晋百官名》曰："任瞻字育长，乐安人。父琨，少府卿。瞻历谒者仆射、都尉、天门太守。”

16. 宣城秦精：《续搜神记》中人物，宣城在今安徽宣城。

17. 单道开：东晋穆帝时人，西晋末入内地，后在赵都城（今河北魏县）居住甚久，后南游，经东晋建业（今江苏南京），又至广东罗浮山（今广东惠州北）隐居卒。《晋书》卷九五《艺术传》中有传。

18. 剡县陈务妻：《异苑》中的人物，剡县即今浙江嵊州。

19. 广陵老姥：《广陵耆老传》中的人物，广陵即今江苏扬州。

20. 河内山谦之（420—470）：南朝宋时河内郡（治所在今河南沁阳）人，著有《吴兴记》等。

21. 后魏：指北朝的北魏（386—534），鲜卑拓跋珪所建，原建都平城（今山西大同），孝文帝拓跋宏迁都洛阳，并改姓“元”。

22. 琅琊王肃（464—501）：字恭懿，初仕南齐，后因父兄为齐武帝所杀，乃奔北魏，受到魏孝文帝器重礼遇，为魏制定朝仪礼乐，《魏书》卷六三有传。琅琊在今山东临沂一带。

23. 宋：即南朝宋（420—479），刘裕推翻东晋，建都建康（今江苏南京）。

24. 新安王子鸾，鸾兄豫章王子尚：南朝宋孝武帝第八子，子尚是第二子，当子尚为兄，《茶经》底本此处称子尚为“鸾弟”，有误。事见《宋书》卷八〇。

25. 鲍照妹令晖：鲍照是南朝宋一位著名诗人，其妹令晖亦是一位优秀诗人，钟嵘在其《诗品》中对她有很高的评价，《玉台新咏》载其“著《香茗赋集》行于世”，该集已佚，仅存书目。唐人避武则天讳，改“照”为“昭”。鲍照，一说东海（今山东兰陵）人，一说上党人，据今人研究考证，当为东晋侨置于江苏镇江一带的东海郡人，曾为临海王前军参军，世称鲍参军。

26. 八公山沙门昙济：昙济，南朝宋著名成实论师，著有《六家七宗论》，事见《高僧传》卷七，《名僧传抄》中有传。八公山在今安徽淮南。沙门，佛家指出家修行的人。道人，当时称和尚为道人。

27. 齐：萧道成推翻南朝刘宋政权所建的南朝齐（479—502），都建康。

28. 世祖武帝：南朝齐国第二代皇帝萧赜，482—493 年在位，崇信佛教，提倡节俭，事见《南齐书》卷三《武帝纪》。

29. 梁：萧衍推翻南朝齐所建立的南朝梁（502—557），都建康。

30. 刘廷尉：即刘孝绰（481—539），南朝梁文学家，原名冉，小字阿士，彭城（今江苏徐州）人，廷尉是其官名。《梁书》卷三三有传。

31. 陶先生弘景：陶弘景（456—536），南朝齐梁时期道教思想家、医学家，字通明，丹阳秣陵（今江苏南京江宁区南）人，仕于齐，入梁后隐居于句容句曲山，自号“华阳隐居”。梁武帝每逢大事就入山就教于他，人称“山中宰相”。死后谥贞白先生。著有《神农本草经集注》《肘后百一方》等。《南史》卷七六、《梁书》卷五一《处士传》中有传。

32. 徐英公勣：即李勣（594—669），唐初名将，本姓徐，名世勣，字懋功，任兵部尚书，拜司空、上柱国，封英国公。唐太宗李世民赐姓李，避李世民讳，改为单名勣。《新唐书》卷六七、《旧唐书》卷九三有传。

33.《神农食经》：传说为炎帝神农所撰，实为西汉儒生托名神农氏所作，早已失传，历代史书《艺文志》均未见记载。有人称《汉书·艺文志》录有《神农食经》七卷，不知何据。按：《汉书》卷三十《艺文志》载有《神农黄帝食禁》七卷一种，著者将其归类为“经方”——汉以前临床医方著作及方剂的泛称，非“食经”。

34.《广雅》：三国魏张揖所撰，原三卷，隋代曹宪作音释，始分为十卷，体例内容根据《尔雅》，而内容博采汉代经书笺注及《方言》《说文》等字书增广补充而成。隋代为避炀帝杨广名讳，改名为《博雅》，后二名并用。

35. 芼：拌和。

36.《晏子春秋》：旧题春秋晏婴撰，所述皆婴遗事，宋王尧臣等《崇文总目》卷五认为当为后人摭集而成。今凡八卷。《茶经》所引内容见其卷六内篇杂下第六，文稍异。

37. 三弋、五卯：弋，禽类。卯，禽蛋。三、五为虚数词，几样。

38. 茗菜：一般认为，晏婴当时所食为苔菜而非茗饮。苔菜又称紫堇、蜀芹、楚葵，是古时常吃的蔬菜。

39.《凡将篇》：汉司马相如所撰字书，约成书于公元前 130 年，缀辑古字为词语而没有音义训释，取开头“凡将”二字为篇名，《说文》常引其说，已佚，现有清任大椿《小学钩沉》、马国翰《玉函山房辑佚书》本。《四库总目提要》说：“（《茶经》）七之事所引多古书，如司马相如《凡将篇》一条三十八字，为他书所无，亦旁资考辨之一端矣。”

40. 乌喙：又名乌头，毛茛科附子属。味辛、甘，温、大热，有大毒。主中风恶风等。

41. 桔梗：桔梗科桔梗属。味辛、苦，微温，有小毒。主胸胁痛如刀刺……惊恐悸气，利五脏肠胃，补血气，除寒热风痹，温中消谷等。

42. 芫华：又作芫花，瑞香科瑞香属。味辛、苦，温、大热，有小毒。主逆咳上气。

43. 款冬：菊科款冬属。味辛、甘，温，无毒。主逆咳上气善喘。

44. 贝母：百合科贝母属。味辛、苦，平，微寒，无毒。主伤寒烦热、淋沥邪气、疝瘕、喉痹乳难、金疮风痉。

45. 木蘖：即黄檗，芸香科黄檗属。落叶乔木，茎可制黄色染料，树皮入药。

一般用于清下焦湿热，泻火解毒，黄疸肠痔，漏下赤白，杀蛀虫，为降火与治瘘要药。

46. 蒌：即蒌叶，胡椒科胡椒属。蔓生有节，味辛而香。

47. 芩草：或云即禾本科芦苇属植物。三国吴陆玑《陆氏诗疏广要》卷上之上：“芩草，茎如钗股，叶如竹，蔓生，泽中下地咸处，为草真实，牛马皆喜食之。”

48. 芍药：芍药科芍药属。味苦、辛，平，微寒，有小毒。主邪气腹痛、除血痹。

49. 桂：唐《新修本草》木部上品卷第十二言其“味甘、辛，大热，有毒。主温中，利肝肺气，心腹寒热冷疾，霍乱，转筋，头痛，腰痛，出汗，止烦，止唾，咳嗽，鼻齆。能堕胎，坚骨节，通血脉，理踈不足，宣导百药，无所畏。久服神仙不老。生桂杨，二月、七八月、十月采皮，阴干”。

50. 漏芦：菊科漏芦属。味苦，寒，无毒。主皮肤热，下乳汁等。

51. 蜚廉：又作飞廉，菊科飞廉属。味苦，平，无毒。主骨节热。

52. 雚菌：味咸、甘，平，微温，有小毒。主治心痛，温中，去长虫……去蛔虫、寸白、恶疮。一名雚芦。生东海池泽及渤海章武。八月采，阴干。

53. 荈诧：双音叠词，分别代表茶名。“荈”字详见《一之源》注释28。“诧”字在古代有多种音义，《说文》：“诧，奠爵酒也。从宀，托声。”作为用酒杯盛酒敬奉神灵解。诧，与“茶”音近。《集韵》《韵会》等：“诧，丑亚切，茶去声。”

54. 白敛：亦作白蔹，葡萄科蛇葡萄属。有解热、解毒、镇痛功能。

55. 白芷：伞形科当归属。《神农本草经》卷八草中品之上言其“味辛，温，无毒。主治女人漏下赤白，血闭，阴肿，寒热，风头，侵目泪出，长肌肤润泽，可作面脂。一名芳香。生川谷”。

56. 菖蒲：天南星科菖蒲属。有特种香气，根茎入药，可以健胃。

57. 芒消：即芒硝，朴硝加水熬煮后结成的白色结晶体即芒硝。消是“硝”的通假字。芒消（今作硭硝）成分是硫酸钠，白色结晶，医药上用作泻剂。唐《新修本草》玉石等部上品卷第三言其：“味辛、苦，大寒。主五脏积聚，久热胃闭，除邪气，破留血，腹中淡实结搏，通经脉，利大小便及月水，破五淋，推陈致新。生于朴消。”

58. 莞椒：吴觉农认为恐为华椒之误，华椒即秦椒，芸香科花椒属，可供药用。在宋代，有以椒入茶煎饮的。

59.《方言》：汉扬雄所撰。按：《茶经》所引本句并不见于今本《方言》原文。

60.《吴志・韦曜传》：《吴志》，西晋陈寿所撰《三国志》的一部分，计二十卷。《韦曜传》载于《三国志》卷六十五，陆羽所引与今本有多字不同。

61.《晋中兴书》：原为八十卷，已佚，清黄奭辑存一卷，题为何法盛撰。据李延寿《南史・徐广传》附郄绍传所载，本是郄绍所著，写成后原稿被何法盛窃去，就以何的名义行于世。这一段与房玄龄《晋书・陆晔传》附陆纳传所载文字稍异，其主要不同点详见下条注，其余关系不大，从略。

62. 据《晋书》卷七十七《陆晔传》附《陆纳传》载：“纳字祖言，少有清操，贞历绝俗。……（简文帝时）出为吴兴太守。……（孝武帝时）迁太常，徙吏部尚书，加奉车都尉、卫将军。谢安尝欲诣纳……”陆纳任吴兴太守是 372 年，迁徙吏部尚书则在 375 年或稍后，谢安才去拜访，地点在京城建业，不是吴兴。谢安当时是后将军军衔（比陆纳卫将军军衔低），到 383 年才拜卫将军。这些都与《晋中兴书》不同。

63. 事见《晋书》卷九八《桓温传》，文略异。

64. 下：摆出。

65. 奠：同“饤”，用指盛贮食物盘碗的量词。

66. 拌：通“盘”。

67.《搜神记》：晋干宝撰，计三十卷，本条见其书卷十六，文稍异。干宝，字令升，新蔡（今河南新蔡）人。生卒年未详。少勤学，以才器为佐著作郎，求补山阴令，迁始安太守。王导请为司徒右长史，迁散骑常侍。按：王导是在太宁三年（325）成帝即位时任司徒、录尚书事，则干宝是东晋初期人。鲁迅《中国小说史略》说：“该书于神祇灵异人物变化之外，颇言神仙五行，亦偶有释氏说。”

68. 平上帻：魏晋以来武官所戴的一种平顶头巾，有一定的款式。

69. 南兖州：据《晋书·地理志下》载：“（东晋）元帝侨置兖州，寄居京口。明帝以郄鉴为刺史，寄居广陵。……后改为南兖州，或还江南，或居盱眙，或居山阳。”因在山东、河南的原兖州已被石勒占领，东晋于是在南方侨置南兖州（同时侨置的有多处），安插北方南逃的官员和百姓。《晋书》所载刘演事迹较简略，只记载任兖州刺史，驻廪丘。刘琨在东晋建立的第二年（318）于幽州被段匹磾所害，这两年刘演尚在北方。“南”字似为后人所加，前面目录也无此字，存疑。

70. 安州：晋代的州是第一级大行政区，统辖许多郡、国（第二级行政区），没有安州。晋至隋时只有安陆郡，到唐代才改称安州，在今湖北安陆市一带。这一段文字，恐非刘琨原文，当为人有所更改。

71. 愦：烦闷。

72. 真茶：好茶，名茶。

73.《司隶教》：司隶校尉的指令。司隶校尉，职掌律令、举察京师百官。教，古时上级对下级的一种文书名称，犹如近代的指令。

74. 茶粥：又称茗粥、茗糜。把茶叶与米粟、高粱、麦子、豆类、芝麻、红枣等合煮的羹汤。如唐王维《赠吴官》诗："长安客舍热如煮，无个茗糜难御暑。"储光羲《吃茗粥作》诗："淹留膳茶粥，共我饭蕨薇。"现在我国南方和日本的一些地方，仍然有这种吃法。

75. 廉事：不详，当为某级官吏。

76.《神异记》：鲁迅《中国小说史略》曰："类书间有引《神异记》者，则为道士王浮作。"王浮，西晋惠帝时人。

77. 左思《娇女诗》：描写了两个小女儿天真顽皮的形象。据《玉台新咏》《太平御览》所载，原诗共五十六句，本书所引仅十二句，陆羽不是摘录某一段落，而是将前后诗句进行拼合。个别字与前两书所载不同。

78. 皙：肤色白净。

79. 小字：一般作乳名解，但这里是指小的那个女儿名字叫纨素，与下面"有姊字蕙芳"是对称的。

80. 倏忽：顷刻，极短的时间。

81. 适：到，往。

82. 心为茶荈剧，吹嘘对鼎䥶：因为急于要烹好茶茗来喝，于是对着锅鼎吹火。

83. 张孟阳《登成都楼》：丁福保《全汉三国晋南北朝诗》卷四作张载《登成都白菟楼》。《晋书·张载传》：张载父张收任蜀郡（治成都）太守，载于太康初至蜀探亲，一般认为诗作于此时。原诗三十二句，陆羽仅摘录后面的一半。白菟楼又名张仪楼，即成都城西南门城楼，楼很高大，临山瞰江。

84. 借问扬子舍，想见长卿庐：扬子，对扬雄的敬称。长卿，司马相如表字。扬雄和司马相如都是成都人。扬雄的草玄堂，相如晚年因病不做官时住的庐舍，都在白菟楼外不远处。两人都是西汉著名的辞赋家，诗文描述成都地方历代人物辈出。

85. 程卓累千金：程卓指汉代程郑和卓王孙两大富豪之家。累千金，形容积累的财富多。汉代程郑和卓王孙两家迁徙蜀郡临邛以后，因为开矿铸造，非常富有。《史记·货殖列传》说卓氏之富“倾动滇蜀”，程氏则“富埒（liè）卓氏”。

86. 骄侈拟五侯：说程、卓两家的骄横奢侈，比得上王侯。五侯，指五侯九伯之五侯，即公、侯、伯、子、男五等爵，亦指同时封侯五人。东汉梁冀因为是顺帝的内戚，他的儿子和叔父五人都被封为侯爵，专权骄横达二十年，都过着穷奢极侈的生活。一说指东汉桓帝封宦官单超、徐璜等五人为侯，“五人同日封，世谓之五侯。自是权归宦官，朝政日乱矣”。后以泛称权贵之家为五侯家。

87. 门有连骑客，翠带腰吴钩：宾客们接连地骑着马来到，有如车水马龙。连骑，古时主仆都骑马称为连骑，表明这人地位高贵。翠带，镶嵌翠玉的皮革腰带。吴钩，即吴越之地出产的刀剑，刃稍弯，极锋利，驰誉全国。

88. 鼎食随时进，百和妙且殊：鼎食，古时贵族进餐，以鼎盛菜肴，鸣钟击鼓奏乐，所谓“钟鸣鼎食”。时，时节，时新。和，烹调。百和，形容烹调的佳肴多种多样。殊，不同。

89. 黑子过龙醢：黑子，未详出典，有解作鱼子者。醢，肉酱。龙醢，龙肉酱，古人以为味极美，则张载是将鱼子同龙肉酱比美。

90. 蟹蝑：蟹酱。

91. 芳茶冠六清：芳香的茶茗超过六种饮料。六清，六种饮料，《周礼·天官·膳夫》云“饮用六清”，即水、浆、醴（甜酒）、醵（以水和酒）、医（酒的一种）、酏（去渣的粥清）。底本及诸校本皆作“六情”。六情，是人类“不学而能”的天生的六种感情，东汉班固《白虎通》卷下云：“喜、怒、哀、乐、爱、恶，谓六情。”佛经则以眼、耳、鼻、舌、身、意为六情。以这些与芳香的茶茗相比拟都是不妥的。

92. 九区：即九州，古时分中国为九州，九州意指全中国。

93. 蒲桃宛柰：俗名花红，亦名沙果。据明李时珍《本草纲目》卷三〇《果部·林檎》集解：柰与林檎一类二种也，树实皆似林檎而大。按，花红、林檎、沙果实一物而异名，果味似苹果，供生食，从古代大宛国传来。这一段都是在食品前冠以产地。蒲，古代有几个地点，西晋的蒲阪县，属河东郡，今山西永济市西。后代简称蒲者，多指此处。宛，宛县，为荆州南阳国首府，今河南南阳市。

94. 峘阳：峘，通“恒”，峘阳有二解，一是指恒山山阳地区，一是指恒阳县，今河北曲阳。

95. 南中：古地区名。相当于今四川省大渡河以南、贵州西部和云南全省。三国蜀汉以巴、蜀为根据地，其地在巴、蜀之南，故名。蜀诸葛亮南征后，置南中四郡，政治中心在今云南曲靖市。

96. 西极石蜜：西极，西向极远之处。一说是今甘肃张掖一带，一说泛指今我国新疆及中亚一带。石蜜，一说是用甘蔗炼糖，成块者即为石蜜，一说是蜂蜜的一种，采于石壁或石洞的叫作石蜜。

97. 寒温：寒暄，问寒问暖。多指宾主见面时谈天气冷暖起居之类的应酬话。

98. 霜华之茗：茶沫白如霜花的茶饮。

99. 三爵：爵，古代盛酒器，三足两柱，此处作为饮酒计量单位。三爵，喝了三杯酒。

100. 诸蔗，甘蔗。元李，大李子。悬豹，吴觉农以为似为“悬钩”形近之误。悬钩，山莓的别名，又称木莓，蔷薇科悬钩子属，茎有刺如悬钩，子酸美，人多采食。葵羹，即冬葵，锦葵科锦葵属，茎叶可煮羹饮。

101. 孙楚《歌》：此《歌》已散佚，歌题不详，明人所编《孙冯翊集》中未有收录。丁福保《全汉三国晋南北朝诗》之《全晋诗》卷四收录，题名曰《出歌》。

102. 白盐出河东：河东，晋代郡名，今山西省西南。境内解州（今山西运城西南）、安邑（今山西运城东北）均产池盐，解盐在我国古代既著名又重要。

103. 鲁渊：鲁，今山东省西南。渊，湖泽，鲁地多湖泽。

104. 蓼苏：蓼，一年生或多年生草本植物，有水蓼、红蓼、刺蓼等。味辛，又名辛菜，可作调味用，古时常作烹饪佐料。苏，宋罗愿《尔雅翼》卷七：“叶下紫色而气甚香，今俗呼为紫苏。煮饮尤胜。取子研汁煮粥良。长服令人肥白、身香。亦可生食，与鱼肉作羹。”

105. 精稗出中田：稗，精米。中田，倒装词，即田中。

106. 华佗《食论》：华佗（约141—208），字元化，今安徽亳县人，医术高明，是东汉末年著名的医学家。《三国志》卷二九《魏志·方技传》有载。《食论》，不详。

107. 壶居士《食忌》：壶居士，又称壶公，道家人物，据说他在空室内悬挂一壶，晚间即跳入壶中，别有天地。《食忌》，壶居士著，具体不详。本条宋叶廷珪《海录碎事》卷六所引有所不同：“茶久食羽化。不可与韭同食，令耳聋。”

108. 羽化：羽化登仙。道家所言修炼成正果后的一种状态。

109. 冬生叶：茶为常绿树，立冬后，在适当的地理、气候条件下，仍然萌发芽叶。《旧唐书·文宗本纪》：“吴、蜀贡新茶，皆于冬中作法为之。”

110.《世说》：南朝宋临川王刘义庆等著，计八卷，梁刘孝标作注，增为十卷，见《隋书·经籍志》。后不知何人增加“新语”二字，唐后期王方庆有《续世说新书》。现存三卷是北宋晏殊所删并。内容主要是拾掇汉末至东晋的士族阶层人物的遗闻轶事，尤详于东晋。这一段载于卷六《纰漏第三十四》，陆羽有删节。

111. 少时有令名：令名，美好的声誉。这段原文前面说任瞻“一时之秀彦”，“童少时，神明可爱”。

112. 自过江失志：西晋被刘聪灭亡后，司马睿在南京建立东晋王朝，西晋旧臣多由北方渡过长江投靠东晋，任瞻也随着过江，丞相王敦在石头城（今江苏南京西北）迎接，并摆设茶点欢迎。失志，恍恍惚惚，失去神智。

113.《续搜神记》：又名《搜神后记》，据《四库总目提要》说：“旧本题晋陶潜撰。……明沈士龙《跋》谓：‘潜卒于元嘉四年，而此有十四、十六两年事。《陶集》多不称年号，以干支代之，而此书题永初、元嘉，其为伪托。固不待辨。’”鲁迅在《中国小说史略》中也说，陶潜性情豁达，不致著这种书。《隋书·经籍志》已载有此书，当是陶潜以后的南朝人伪托。这一段陆羽有较大的删节。

114. 晋武帝：晋开国君主司马炎（236—290），司马昭之子。昭死，继位为晋王，后魏帝让位，乃登上帝位，建都洛阳，灭吴，统一中国，在位二十六年。

115. 武昌山：宋王象之《舆地纪胜》卷八一载：“武昌山，在本（武昌）县南百九十里。高百丈，周八十里。旧云，孙权都鄂，易名武昌，取以武而昌，

故因名山。《土俗编》以为今县名疑因山以得之。”

116.《晋四王起事》：南朝卢琳撰，计四卷。卢琳又撰有《晋八王故事》十二卷。《隋书》卷三三《经籍志》著录。后散佚，清黄奭辑存一卷，题为《晋四王遗事》。

117. 惠帝蒙尘还洛阳：蒙尘，蒙受风尘，皇帝被迫离开宫廷或遭受险恶境况，称蒙尘。房玄龄《晋书·惠帝本纪》载，永宁元年（301），赵王伦篡位，将惠帝幽禁于金镛城。齐王冏、成都王颖、河间王颙、常山王乂四王同其他官员起兵声讨赵王伦。经三个月的战争，击垮赵王伦，齐王等用辇舆接惠帝回洛阳宫中。

118. 黄门以瓦盂盛茶上至尊：黄门，有官员和宦官，这里当指宦官。瓦盂，以土烧制的粗碗。至尊，皇帝。现已无从查知《晋四王起事》中惠帝用瓦盂喝茶的记载。但在赵王伦之乱三年后（304）的八王之乱时，《晋书》有惠帝用瓦器饮食的记载。惠帝单车奔洛阳，途中到获嘉县，“市粗米饭，盛以瓦盆，帝噉两盂”。

119.《异苑》：志怪小说及人物异闻集，南朝刘敬叔（390—470）撰。敬叔在东晋末为南平国（今湖北江陵一带）郎中令，刘宋时任给事黄门郎。此书现存十卷，已非原本。

120. 翳桑之报：春秋时晋国大臣赵盾在翳桑打猎时，遇见了一个名叫灵辄的饥饿垂死之人，赵盾很可怜他，亲自给他吃饱食物。后来晋灵公埋伏了很多甲士要杀赵盾，突然有一个甲士倒戈救了赵盾。赵盾问及原因，甲士回答：“我是翳桑的那个饿人，来报答你的一饭之恩。”事见《左传》宣公二年。

121. 馈：赠送，进食于人。

122.《广陵耆老传》：作者及年代不详。

123. 晋元帝：东晋第一代皇帝司马睿（317—323 年在位），317 年为晋王，318 年晋愍帝在北方被匈奴所杀，司马睿在王氏世家支援下在建业称帝，改建业为建康。

124. 縶：拘捕。

125. 牖：窗户。

126.《艺术传》，指房玄龄《晋书》卷九五《艺术列传》，陆羽引文不是照录原文，文字也略有出入。茶苏，中华书局点校本《晋书》作“荼苏”。

127. 释道说《续名僧传》：《新唐书·艺文志》记录自晋至唐代有《高僧传》《续高僧传》数种，此处名称略异，不知《续名僧传》是否其中一种。《续高僧传》卷二七有释道悦传，道悦 652 年仍在世。释道说原本作“释道该说”，“该”当为衍字。说、悦二字通。

128. 元嘉：南朝宋文帝年号，共三十年，公元 424—453 年。

129. 沈台真：沈演之（397—449），字台真，南朝宋吴兴郡武康人。《宋书》卷六十三有传。

130. 年垂悬车：典出西汉刘安《淮南子·天文训》：“爰止羲和，爰息六螭，是谓悬车。”悬车原指黄昏前的一段时间。又指人年七十岁退休致仕。元嘉二十六年（449），沈演之卒时方五十余岁，则悬车是指当时法瑶的年龄接近七十岁。据此，后文言法瑶七十九岁时的“永明中”时间当有误，当是据《梁高僧传》卷七所言此事发生在大明六年（462）。

131. 宋《江氏家传》：南朝宋江饶撰，共七卷，今已散佚。

132. 愍怀太子：晋惠帝庶长子司马遹，惠帝即位后，立为皇太子。年长后不好学，不尊敬保傅，屡缺朝觐，与左右在后园嬉戏。常于东宫、西园使人杀猪、沽酒或做其他买卖，坐收其利。元康元年（300），被惠帝贾后害死，年二十一。事见《晋书》卷五三。洗马，官名，汉沿秦置，为东宫官属，职如谒者，太子出则为前导。晋时改掌图籍，隋改司经局洗马，至清末废。

133. 醯：醋。

134.《宋录》：周靖民言为南朝齐王智深撰，不知何据。检《南齐书》《南史》等书，皆言智深撰《宋纪》。又《茶经述评》称《隋书·经籍志》著录《宋录》，亦遍检不见。日布目潮沨言《宋录》或为南朝梁裴子野《宋略》之误。按:《旧唐书》卷四六著录“《宋拾遗录》十卷，谢绰撰”，未知是否为其略称。

135. 王微（415—443）：南朝宋琅琊临沂（今山东临沂）人，字景玄，“少好学，无不通览，善属文，能书画，兼解音律、医方、阴阳、术数”。南朝宋文帝（424—453 年在位）时，曾为人荐任中书侍郎、吏部郎等，皆不愿就。死后追赠秘书监。《宋书》卷六二有传。有《杂诗》二首。

136. 就槚：有二解，一是说喝茶，一是行将就木之就槚。

137. 南齐世祖武皇帝遗诏：《南齐书》卷三载南朝齐武帝萧赜于永明十一年（493）七月临死前所写此遗诏，文字略有不同。

138. 灵座：指新丧落葬，供神主的几筵。

139.《谢晋安王饷米等启》：晋安王，即南朝梁武帝第二子萧纲（503—551），初封为晋安王，长兄昭明太子萧统于中大通三年（531）卒后，继立为皇太子，后登位，称简文帝，在位仅二年。启，古时下级对上级的呈文、报告。这里是刘孝绰感谢晋安王萧纲颁赐米、酒等物品的回呈，事在 531 年以前。

140. 传诏：官衔名，有时专设，有时临事派遣。

141. 菹：腌菜，肉酱。

142. 酢：古“醋”字，酸醋。

143. 气苾新城，味芳云松：新城的米非常芳香，香高入云。苾，芳香。新城，历史上有多处，日布目潮沨解为浙江新城县（今浙江杭州富阳区），这里所产米质很好，且唐欧阳询《艺文类聚》卷八五载有梁庾肩吾《谢湘东王赍米启》“味重新城，香逾涝水”，可见当时新城米颇有名。云松，形容松树高耸入云。

144. 江潭抽节，迈昌荇之珍：前句指竹笋，后句说菹的美好。迈，越过。昌，通“菖”，香菖蒲，古时有做成干菜吃。荇，多年生水草，龙胆科荇属，是古时常用的蔬菜。

145. 疆场擢翘，越葺精之美：田园摘来的最好的瓜，特别好。疆场，田地的边界，大界叫疆，小界叫场。擢，拔，这里作摘取解。翘，翘首，超群出众。葺，重叠，累积。葺精，加倍得好。

146. 羞非纯束野麇，裛似雪之驴：送来的肉脯，虽然不是白茅包扎的獐鹿肉，却是包裹精美的雪白干肉脯。典出《诗经・召南・野有死麇》：“野有死麇，白茅纯束。”羞，珍馐，美味的食品。纯，包束。麇，獐子。裛，缠裹。

147. 鲊异陶瓶河鲤：鲊，腌制的鱼或其他食物。河鲤，《诗经・陈风》：“岂食其鱼，必河之鲤。”黄河出产的鲤鱼，味鲜美。

148. 操如琼之粲：馈赠的大米像琼玉一样晶莹。操，拿着。琼，美玉。粲，上等白米，精米。

149. 茗同食粲：茶和精米一样好。

150. 酢类望柑：柑，柑橘。馈赠的醋像看着柑橘就感到酸味一样好。

151. 免千里宿舂，省三月粮聚：这是刘孝绰总括地说颁赐的八种食品可以用好几个月，不必自己去筹措收集了。千里、三月是虚数词，未必恰如其数。典出《庄子・逍遥游》：“适百里者宿舂粮，适千里者三月聚粮。”

152. 懿：美，善。

153. 陶弘景《杂录》：是书不详。《太平御览》卷八六七所引称陶氏此书为《新录》。

154. 蓴羹：蓴，同“莼”，莼菜做的羹。莼乃水莲科莼属，春夏之际，其叶可食用。

155. 茗不堪与酪为奴：夸奖北方的奶酪美好，贬低南方茶茗。同时也暗含着饮酪的北方人尊贵，饮茶的南方人低贱的意思。后魏杨衒之《洛阳伽蓝记》和《北史·王肃传》有同样而更详细的记载。

156.《桐君录》：全名为《桐君采药录》，或简称《桐君药录》，药物学著作，南朝梁陶弘景《本草序》中载有此书：“又有《桐君采药录》，说其花叶形色，《药对》四卷，论其佐使相须。”当成书于东晋（4 世纪）以后，5 世纪以前。陆羽将其列在南北朝各书之间。

157. 西阳：西晋时有西阳县，为弋阳郡治，今河南光山县西。观本节七个地名都是郡国或州名，则此西阳当为西阳国，西晋元康（291—299）初分弋阳郡置，属豫州，治所在西阳县（今河南光山县西南）。永嘉（307—312）后与县同移治今湖北黄冈黄州区东，东晋改为西阳郡。

158. 武昌：郡名，三国吴分江夏郡六县置，属荆州，治所武昌县（今湖北鄂州），旋改江夏郡。西晋太康（280—289）初又改为武昌郡。东晋属江州南朝宋属郢州。

159. 庐江：庐江郡，楚汉之际分九江郡置，汉武帝后治舒（今安徽庐江县西南三十里城池乡），东汉末废。三国魏置庐江郡属扬州，治六安县（今安徽六安市北十里城北乡）。三国吴所置庐江郡治皖县（今安徽潜山）。西晋时将魏、吴所置二郡合并，移治舒县（今安徽舒城）。南朝宋属南豫州，移治灊（今安徽霍山县东北）。南朝齐建元二年（480）移治舒县。南朝梁移治庐江县（今安徽庐江），属湘州。

160. 晋陵：郡名。西晋永嘉五年（311）因避讳改毗陵郡置，属扬州，治丹徒（今江苏丹徒南丹徒镇）。东晋太兴初（318）移治京口（今江苏镇江），义熙九年（413）移治晋陵县（今江苏常州）。辖境相当于今江苏镇江、常州、无锡、丹阳、武进、江阴、金坛等市县。南朝宋元嘉八年（431）改属南徐州。

161. 清茗：不加葱、姜等佐料的清茶。

162. 天门冬、菝葜：天门冬，多年生草本植物，可药用，去风湿寒热，杀虫，利小便。菝葜，别名金刚骨、铁菱角，属百合科，多年生草本植物，根状茎可药用，能止渴，治痢。

163. 巴东：郡名，东汉建安六年（201）改永宁郡置，属益州，治鱼腹（今重庆奉节县东），辖境相当于今重庆万州、开县、云阳、巫溪等区县。

164. 大皂李：即皂荚，其果、刺、子皆可入药。

165. 并冷：《本草纲目》引作"并冷利"，清凉爽口的意思。

166. 交、广：交州和广州。据《晋书·地理志下》载：交州东汉建安八年（203）始置，吴黄武五年割南海、苍梧、郁林三郡立广州，交趾、日南、九真、合浦四郡为交州。及孙皓，又立新昌、武平、九德三郡，交州统郡七，治龙编县（今越南河内市东）。辖境相当于今广西钦州地区、广东雷州半岛，越南北部、中部地区。

167. 香芼辈：各种芳香佐料。

168.《坤元录》：《宋史·艺文志》记其为唐魏王李泰撰，共十卷。宋王应麟《玉海》卷十五认为此书"即《括地志》也，其书残缺，《通典》引之"。

169. 辰州溆浦县西北三百五十里无射山：辰州，唐时属江南道，唐武德四年（621）置，五年分辰溪置溆浦。今湖南省仍有溆浦县。无射山，无射，东周景王时的钟名，可能此山像钟而名。

170.《括地图》：当为《括地志》，宋王应麟《玉海》卷十五认为是同一书。按：本条内容《太平御览》卷八六七引作《括地图》，南宋王象之《舆地纪胜》卷五十五引作《括地志》。《括地志》，唐魏王李泰命萧德言、顾胤等四人撰，贞观十五年（641）撰毕，表上唐太宗。计五百五十卷，《序略》五卷。

171. 临蒸县：原本作“临遂县”，查历代中国无这一县名。南宋王象之《舆地纪胜》卷五十五引作《括地志》载“临蒸县百余里有茶溪”，据改。《旧唐书》卷十记载：吴分蒸阳立临蒸县，隋改为衡阳县，唐初武德四年复为临蒸，开元二十年（732）再改称衡阳县，为衡州州治所。

172. 乌程县：吴兴郡治所在，今浙江湖州。

173. 温山：在湖州市北郊区白雀乡与龙溪交界处。

174.《夷陵图经》：夷陵， 郡名，隋大业三年改峡州置，治夷陵县（今湖北宜昌市西北）。辖境相当于今湖北宜昌、枝城、远安等市县。唐初改为峡州，天宝间改夷陵郡，乾元初复改峡州。

175. 黄牛：黄牛山，南朝宋盛弘之《荆州记》云：“南岸重岭迭起，最大高岸间，有石色如人负刀牵牛，人黑牛黄，成就分明。”故名。即西陵峡上段空岭滩南岸。

176. 荆门：荆门山，魏郦道元《水经注》卷三四：“江水东历荆门、虎牙之间，荆门山在南，上合下开，暗彻山南，有门像。”

177. 女观：女观山，魏郦道元《水经注》卷三四：“（宜都）县北有女观山，厥处高险，回眺极目。古老传言，昔有思妇，夫官于蜀，屡愆秋期，登此山绝望，忧感而死，山木枯悴，鞠为童枯，乡人哀之，因名此山为女观焉。”

178. 望州：望州山，在东湖县（今湖北宜昌）西，即今西陵山，在宜昌市南津关附近，西陵峡出口处北岸。登山顶可以望见归、峡两州，故名。

179. 永嘉：永嘉郡，东晋太宁元年（323）分临海郡置，治永宁县（今浙江温州），隋开皇九年（589）废，唐天宝初改温州复置，乾元元年又废。永嘉县，隋开皇九年改永宁县置，唐高宗上元二年（675）为温州治。（光绪）《永嘉县志》卷二《舆地志·山川》："茶山，在城东南二十五里，大罗山之支。（谨按，《通志》载'白茶山'，《茶经》：'《永嘉图经》：县东三百里有白茶山'，而里数不合，旧府县亦未载，附识俟考。）"

180. 淮阴：楚州淮阴郡，治山阳县（今江苏淮安）。

181. 茶陵：县名，西汉武帝封长沙王子刘䜣为侯国，后改为县，属长沙国，治所在今湖南茶陵县东七十里古营城。东汉属长沙郡。三国属湘东郡。隋废。唐圣历元年（698）复置，属衡州，移治今湖南茶陵县。以南临茶山得名。

182.《本草·木部》：《茶经》中所引《本草》为徐勣、苏敬（宋代避讳改其名为"恭"）等修订的《新修本草》。唐高宗显庆二年（657），采纳苏敬的建议，诏命长孙无忌、苏敬、吕才等二十三人在《神农本草经》及其《集注》的基础上进行修订，以英国公徐勣为总监，显庆四年（659）编成，颁行全国，是我国第一部由国家颁行的药典，全书共五十四卷。后世又称《唐本草》或《唐英公本草》。

183. 瘘：瘘管，人体内因发生病变久则成脓而溃漏生成的管子。

184. 疮：疮疖，多发生溃疡。

185.《本草·菜部》：指唐《新修本草·菜部》。

186. 一名荼：苦菜在古代本来叫"荼"，《尔雅·释草》记"荼，苦菜"。

187. 选：植物名，不详何解。

188. 游冬：苦菜，因为在秋冬季低温时萌发，经过春季至夏初成熟，所以别名"游冬"。北宋陆佃《埤雅》卷一七《释草》云："荼，苦菜也。苦菜，生于寒秋，经冬历春，至夏乃秀。《月令》：‘孟夏苦菜秀’，即此是也。此草凌冬不凋，故一名游冬。”

189. 益州：隋蜀郡，唐武德元年（618）改为益州，天宝初又改为蜀郡，至德二载（757）改为成都府。即今四川成都。

190. 注云：“注云”以上是《唐本草》照录《神农本草经》的原文，“注云”以下是陶弘景《神农本草经集注》文字。

191.《本草注》：是为《唐本草》所作的注。

192. 谁谓荼苦：出自《诗经·邶风·谷风》：“谁谓荼苦，其甘如荠。”

193. 堇荼如饴：出自《诗经·大雅·绵》：“周原膴（wǔ）膴，堇荼如饴。”描述周族祖先在周原地方采集堇菜和苦菜吃。

194.《枕中方》：南宋《秘书省续编到四库书目》著录有“孙思邈《枕中方》一卷，阙”，有医书引录《枕中方》中的单方。而《新唐书·艺文志》《宋史·艺文志》《通志》《崇文总目》皆著录为孙思邈《神枕方》一卷，叶德辉考证认为二书即是一书二名。

195.《孺子方》：小儿医书，具体不详。《新唐书·艺文志》有“孙会《婴孺方》十卷”，《宋史·艺文志》有“王彦《婴孩方》十卷”，当是类似医书。

196. 惊蹶：一种有痉挛症状的小儿病。发病时，小儿神志不清，手足痉挛，常易跌倒。

译 文

三皇　炎帝神农氏

周　鲁国周公姬旦，齐国国相晏婴

汉　仙人丹丘子、黄山君，孝文园令司马相如，执戟郎扬雄

吴　归命侯孙皓，太傅韦曜

晋　惠帝司马衷，司空刘琨，琨侄兖州刺史刘演，黄门侍郎张载，司隶校尉傅咸，太子洗马江统，参军孙楚，记室左思，吴兴陆纳，纳侄会稽内史陆俶，冠军谢安，弘农太守郭璞，扬州牧桓温，中书舍人杜育，武康小山寺释法瑶，沛国夏侯恺，余姚虞洪，北地傅巽，丹阳弘君举，乐安任瞻，宣城秦精，敦煌单道开，剡县陈务妻，广陵老姥，河内山谦之

后魏　琅琊王肃

宋　新安王子鸾，鸾兄豫章王子尚，鲍照妹令晖，八公山沙门昙济

齐　世祖武帝萧赜

梁　廷尉刘孝绰，贞白先生陶弘景

唐　英国公徐勣

《神农食经》记载："长期饮茶，使人精力饱满、心情愉悦。"

周公《尔雅》记载："槚，就是苦茶。"

《广雅》记载："荆州、巴州一带，采摘茶叶制成茶饼，叶子老的，做茶饼时，要加米糊才能制成。想煮茶饮用时，先烤炙茶饼至呈现红色，捣成碎末放置瓷器中，冲入沸水浸泡。或放些葱、姜、橘子拌着浸泡。喝了它可以醒酒，

使人兴奋不想睡。”

《晏子春秋》记载：“晏婴担任齐景公的国相时，吃的是糙米饭，烤炙的三五样禽鸟禽蛋以及茶和蔬菜而已。”

汉司马相如《凡将篇》在药物类中记载：“乌喙、桔梗、芫华、款冬、贝母、木蘖、蒌、芩草、芍药、桂、漏芦、蜚廉、雚菌、荈诧、白敛、白芷、菖蒲、芒硝、莞椒、茱萸。”

汉扬雄《方言》记载：“蜀西南人把茶称为蔎。”

三国《吴志・韦曜传》记载：“孙皓每次设宴，座客人人要饮酒七升，即使不全部喝下去，也都要浇灌完毕。韦曜酒量不超过二升。孙皓当初非常尊重他，暗地里赐茶以代酒。”

《晋中兴书》记载：“陆纳任吴兴太守时，卫将军谢安常想拜访陆纳。（《晋书》说：陆纳为吏部尚书）陆纳的侄子陆俶奇怪他没什么准备，但又不敢询问，便私自准备了十多人的菜肴。谢安来后，陆纳仅仅用茶和果品招待。陆俶于是摆上丰盛的菜肴，各种精美的食物都有。等到谢安走后，陆纳打了陆俶四十棍，说：‘你既不给叔父增光，为什么玷污我清白的操守呢？’”

《晋书》记载：“桓温任扬州牧时，性好节俭，每次请客宴会，只设七盘茶果而已。”

《搜神记》记载：“夏侯恺因病去世，同族人苟奴能够看见鬼神，看见夏侯恺来取马匹，使他的妻子也生了病。苟奴看见他戴着平顶头巾，穿着单衣，进屋坐到生前常坐的靠西墙的大床上，向人要茶喝。”

刘琨在给侄子南兖州刺史刘演信中写道：“先前收到你寄来的安州干姜一斤、桂一斤、黄芩一斤，都是我所需要的。我身体不适心情烦闷时，常常仰靠好茶来提神解闷，你可以多置办一些。”

傅咸《司隶教》中说："听说南市有四川老妇煮茶粥售卖，廉事把她的器皿打破，之后她又在市中卖饼。禁卖茶粥为难四川老妇，这究竟是为什么呢？"

《神异记》记载："余姚人虞洪进山采茶，遇见一道士，牵着三头青牛。道士领着虞洪来到瀑布山，说：'我是丹丘子，听说你善于煮茶饮，常想请你送些给我品尝。山中有大茶，可以供你采摘。希望你日后有喝不完的茶时，能送些给我喝。'虞洪于是以茶作祭品进行祭祀，后来经常叫家人进山，果然采到大茶。"

左思《娇女诗》云："我家有娇女，肤色很白净。小妹叫纨素，口齿很伶俐。姐姐叫蕙芳，眉目美如画。跑跳园林中，未熟就摘果。爱花风雨中，顷刻百进出。心急欲饮茶，对炉直吹气。"

张孟阳《登成都楼》诗下半首云："请问扬雄的故居在何处？司马相如的故居是哪般模样？程郑、卓王孙两大豪门积累巨富，骄横奢侈可比王侯之家。他们的门前经常有连骑而来的贵客，镶嵌翠玉的腰带上佩挂名贵的刀剑。家中钟鸣鼎食，各种各样时新的美味精妙无比。秋季走进林中采摘柑橘，春天可在江边把竿垂钓。黑子的美味胜过龙肉酱，瓜果做的菜肴鲜美胜过蟹酱。芳香的茶茗胜过各种饮料，美味盛誉传遍全天下。如果寻求人生的安乐，成都这块乐土还是能够让人们尽享欢乐的。"

傅巽《七诲》记载："山西的桃子，河南的苹果，齐地的柿子，燕地的板栗，恒阳的黄梨，巫山的红橘，南中的茶子，西极的石蜜。"

弘君举《食檄》说："见面寒暄应酬之后，应该先喝沫白如霜的好茶；酒过三巡，应该再陈上甘蔗、木瓜、元李、杨梅、五味、橄榄、悬豹、葵羹各一杯。"

孙楚《歌》云："茱萸出佳木顶，鲤鱼产在洛水泉。白盐出产于河东，美豉出于鲁地湖泽。姜、桂、茶荈出产于巴蜀，椒、橘、木兰出产在高山。蓼苏生长在沟渠，精米出产于田中。"

华佗《食论》说："长期饮茶，能增益思维能力。"

壶居士《食忌》说："长期饮茶，能使人飘飘欲仙；茶与韭菜同时吃，会使人体重增加。"

郭璞《尔雅注》说："茶树小如栀子，冬季叶不凋零，所生叶可煮羹汤饮用。现在把早采的叫作茶，晚采的叫作茗，或者叫作荈，蜀地的人称之为苦荼。"

《世说》记载："任瞻，字育长，年少时有美好的声誉，自从过江南则有点恍恍惚惚失去神志。一次饮茶的时候，他问：'这是茶，还是茗？'当看到别人奇怪不解的神情时，便自己辨别说：'刚才问的是茶是热还是冷。'"

《续搜神记》记载："晋武帝时，宣城人秦精，经常进入武昌山采茶。遇见一个毛人，一丈多高，领他到山下，把茶树丛指给他看后离开。过了一会儿又回来，从怀中拿出橘子送给秦精。秦精很害怕，赶紧背着茶叶返回。"

《晋四王起事》记载："（赵王之乱时）惠帝逃难到外面，再回到洛阳时，黄门用粗陶碗盛着茶献给他喝。"

《异苑》记载："剡县陈务的妻子，青年时就带着两个儿子守寡，喜欢饮茶。因为住处有一古墓，每次饮茶时总先奉祭它。两个儿子对此感到很厌烦，说：'古墓知道什么？这么做真是白花力气！'想把古墓挖掉。母亲苦苦相劝，得以制止。当夜，母亲梦见一人说：'我住在这墓里三百多年了，你的两个儿子总要毁掉它，幸亏你保护，又让我享用好茶，我虽然是地下的朽骨，但不会忘记你的恩情不报。'天亮后，在院子里得到了十万铜钱，看起来像是埋在地下很久，只有穿钱的绳子是新的。母亲把这件事告诉两个儿子，他们都感到很惭愧，从此更加诚心地以茶祭祷。”

《广陵耆老传》记载：“晋元帝时，有一老妇人，每天早晨独自提着一器皿的茶，到市上去卖。市里的人争着买她的茶。从早到晚，器皿中的茶不减少。她把赚得的钱分送给路旁的孤儿、穷人和乞丐。有人对她的行为感到不可思议，向官府报告，州的官吏把她捆送监狱。到了夜晚，老妇人手提卖茶的器皿，从监狱窗口飞了出去。”

《晋书·艺术传》记载：“敦煌人单道开，不怕严寒和酷暑，经常服食小石子。所服药有松、桂、蜜的香气，所饮用的只是茶饮和紫苏而已。”

释道说《续名僧传》记载：“南朝宋时的和尚法瑶，本姓杨，河东人。元嘉年间过江，遇见了沈演之沈台真，请沈演之到武康小山寺。这时法瑶已经年近七十，拿饮茶当饭。大明年间，南朝宋孝武帝诏令吴兴官吏将法瑶礼送进京，那时他年纪为七十九。”

宋《江氏家传》记载：“江统，字应元。升任愍怀太子洗马，经常上疏。曾经劝谏道：‘现在西园里面卖醋、面、蓝子、菜、茶之类的东西，有损国家体统。’”

《宋录》记载：“新安王刘子鸾、豫章王刘子尚到八公山拜访昙济道人，昙济设茶招待。子尚品尝后说：‘这是甘露啊，怎么能说是茶呢？’”

王微《杂诗》云：“静静关上楼阁的门，孤单一人守着空空的大屋子。等着你却不回来，只得失望地去饮茶。”

鲍照的妹妹鲍令晖写了篇《香茗赋》。

南齐世祖武皇帝的遗诏曰：“我的灵座上千万不要杀牲作祭品，只需供上饼果、茶饮、干饭、酒脯就可以了。”

梁刘孝绰《谢晋安王饷米等启》呈文中说：“传诏李孟孙宣布了您的告谕，

赏赐给我米、酒、瓜、笋、菹、脯、酢、茗等八种食品。新城的米非常芳香，香高入云。水边初生的竹笋，鲜美胜过香菖蒲、荇菜。田里摘来最好的瓜，加倍的美味。肉脯虽然不是白茅包扎的獐鹿肉，却是包裹精美雪白的干肉脯。白茅束捆的野鹿虽好,哪及您惠赐的肉脯？腌鱼比陶瓶里装的黄河鲤鱼更加美味，馈赠的大米像琼玉一样晶莹。茶和精米一样好，馈赠的醋像看着柑橘就感到酸味一样好。您赏赐的这八种食物如此丰富，使我好长时间也不必自己去筹措收集了。我记着您的恩惠，您的大德我永远难忘。”

陶弘景《杂录》说：“苦茶能使人轻身换骨，从前丹丘子、黄山君都饮用它。”

《后魏录》记载：“琅琊人王肃在南朝做官时，喜欢饮茶，喝莼菜羹。等回到北方，又喜欢吃羊肉，喝羊奶。有人问他：‘茶比奶酪怎么样？’王肃说：‘茶无法和奶酪相比，只配给奶酪做奴仆。’”

《桐君录》记载：“西阳、武昌、庐江、晋陵等地人都喜欢饮茶，有客人来时主人会用清茶招待。茶有汤花浮沫，喝了对人有益。凡是可作饮料的植物，大都是采用它的叶子，而天门冬、菝葜却是用其根，都对人有益。此外，巴东地区另有一种真正的好茶，煮饮后能使人不睡。另有一种习俗是把檀木叶和大皂李叶煎煮当茶饮，两者都很清凉爽口。还有南方的瓜芦树，也很像茶，味道非常苦涩，采来加工成末当茶一样煎煮了喝，也可以使人整夜不睡。煮盐的人全靠喝这种茶饮，而交州和广州一带最重视这种茶饮，客人来了都先用它来招待，还会在其中添加各种芳香佐料。”

《坤元录》记载：“辰州溆浦县西北三百五十里，有无射山，当地土人风俗，每逢吉庆的时日，亲族都到山上集会歌舞。山上有很多茶树。”

《括地图》记载：“临蒸县东面一百四十里处，有茶溪。”

山谦之《吴兴记》记载："乌程县西二十里有温山，出产上贡的御茶。"

《夷陵图经》记载："黄牛、荆门、女观、望州等山，都出产茶叶。"

《永嘉图经》记载："永嘉县以东三百里有白茶山。"

《淮阳图经》记载："山阳县以南二十里有茶坡。"

《茶陵图经》说："茶陵，就是陵谷中生长茶的意思。"

《本草·木部》记载："茗，就是苦荼。味甘苦，性微寒，无毒。主治瘘疮，利尿，去痰，解渴，散热，使人少睡。秋天采摘的味苦，能通气，助消化。"原注说："春天采茶。"

《本草·菜部》记载："苦菜，又叫荼，又叫选，又叫游冬，生长在益州的河谷、山陵和道路旁，寒冬也不会被冻死。三月三日采摘，制干。"陶弘景注："可能这就是现今所称的茶，又叫荼，喝了使人不睡。"《本草注》云："按《诗经》中所说'谁谓荼苦''堇荼如饴'的'荼'，指的都是苦菜。陶弘景所言称苦荼，是木本植物，不是菜类。茗，春季采摘，称为苦檫（音途遐反）。"

《枕中方》记载："治疗多年的瘘疾，用苦茶和蜈蚣一同烤炙，等到烤熟发出香味，分成相等的两份，捣碎筛末，一份加甘草煮水擦洗，一份直接以末外敷。"

《孺子方》记载："治疗小儿不明原因的惊厥，用苦茶和葱须一起煎水服用。"

扫一扫 跟我读

bā zhī chū
八之出

shān nán yǐ xiá zhōu shàng xiá zhōu shēng yuǎn ān
山南[1]，以峡州上[2]（峡州生远安、
yí dū yí líng sān xiàn shān gǔ xiāng zhōu jīng zhōu
宜都、夷陵三县[3]山谷），襄州[4]、荆州[5]
cì xiāng zhōu shēng nán zhāng xiàn shān gǔ jīng zhōu shēng jiāng
次（襄州生南漳[6]县山谷，荆州生江
líng xiàn shān gǔ héng zhōu xià shēng héng shān chá líng
陵县[7]山谷），衡州[8]下（生衡山[9]、茶陵
èr xiàn shān gǔ jīn zhōu liáng zhōu yòu xià jīn
二县山谷），金州[10]、梁州[11]又下。（金
zhōu shēng xī chéng ān kāng èr xiàn shān gǔ liáng zhōu shēng
州生西城、安康[12]二县山谷，梁州生

bāo chéng jīn niú èr xiàn shān gǔ
褒城、金牛[13]二县山谷）

huái nán yǐ guāng zhōu shàng shēng guāng shān xiàn
淮南[14]**，以光州**[15]**上**（生光山县[16]

huáng tóu gǎng zhě yǔ xiá zhōu tóng yì yáng jùn shū
黄头港者，与峡州同），**义阳郡**[17]**、舒**

zhōu cì shēng yì yáng xiàn zhōng shān zhě yǔ xiāng zhōu tóng
州[18]**次**（生义阳县钟山[19]者与襄州同，

shū zhōu shēng tài hú xiàn qián shān zhě yǔ jīng zhōu tóng shòu
舒州生太湖县潜山[20]者与荆州同），**寿**

zhōu xià shèng táng xiàn shēng huò shān zhě yǔ héng shān tóng
州[21]**下**（盛唐县生霍山[22]者与衡山同

yě qí zhōu huáng zhōu yòu xià qí zhōu shēng huáng
也），**蕲州**[23]**、黄州**[24]**又下**（蕲州生黄

méi xiàn shān gǔ huáng zhōu shēng má chéng xiàn shān gǔ
梅县[25]山谷，黄州生麻城县[26]山谷，

bìng yǔ jīn zhōu liáng zhōu tóng yě
并与金州、梁州同也）。

zhè xī yǐ hú zhōu shàng hú zhōu shēng cháng chéng
浙西[27]**，以湖州**[28]**上**（湖州，生长城

xiàn gù zhǔ shān gǔ yǔ xiá zhōu guāng zhōu tóng shēng shān
县顾渚山[29]谷，与峡州、光州同；生山

sāng rú shī èr wù bái máo shān xuán jiǎo lǐng yǔ xiāng
桑、儒师二坞[30]、白茅山悬脚岭[31]，与襄

zhōu jīng zhōu yì yáng jùn tóng shēng fèng tíng shān fú yì
州、荆州、义阳郡同；生凤亭山，伏翼

gé fēi yún qū shuǐ èr sì zhuó mù lǐng yǔ shòu zhōu
阁飞云、曲水二寺，啄木岭[32]，与寿州、

héng zhōu tóng shēng ān jí wǔ kāng èr xiàn shān gǔ yǔ
衡州同；生安吉、武康[33]二县山谷，与

jīn zhōu liáng zhōu tóng cháng zhōu cì cháng zhōu yì xīng
金州、梁州同），**常州**[34]**次**（常州义兴

xiàn shēng jūn shān xuán jiǎo lǐng běi fēng xià yǔ jīng zhōu yì
县[35]生君山[36]悬脚岭北峰下，与荆州、义

yáng jùn tóng shēng quān lǐng shàn quán sì shí tíng shān
阳郡同；生圈岭善权寺[37]、石亭山[38]，

yǔ shū zhōu tóng xuān zhōu háng zhōu mù zhōu shè
与舒州同），**宣州**[39]、**杭州**[40]、**睦州**[41]、**歙**

zhōu xià xuān zhōu shēng xuān chéng xiàn yǎ shān yǔ qí
州[42]**下**（宣州生宣城县雅山[43]，与蕲

zhōu tóng tài píng xiàn shēng shàng mù lín mù yǔ huáng
州同；太平县[44]生上睦、临睦[45]，与黄

zhōu tóng háng zhōu lín ān yú qián èr xiàn shēng tiān mù
州同；杭州，临安、於潜二县[46]生天目

shān yǔ shū zhōu tóng qián táng shēng tiān zhú líng yǐn
山[47]，与舒州同；钱塘生天竺、灵隐[48]

èr sì mù zhōu shēng tóng lú xiàn shān gǔ shè zhōu shēng
二寺，睦州生桐庐县[49]山谷，歙州生

wù yuán shān gǔ yǔ héng zhōu tóng rùn zhōu sū
婺源[50]山谷，与衡州同），**润州**[51]、**苏**

zhōu yòu xià rùn zhōu jiāng níng xiàn shēng ào shān sū
州[52]**又下**（润州江宁县[53]生傲山[54]，苏

州长洲县[55]生洞庭山[56]，与金州、蕲州、梁州同）。

剑南[57]，以彭州[58]上（生九陇县马鞍山至德寺[59]、棚口，与襄州同），**绵州[60]、蜀州[61]次**（绵州龙安县[62]生松岭关[63]，与荆州同；其西昌、昌明、神泉[64]县西山[65]者并佳，有过松岭者不堪采。蜀州青城县生丈人山[66]，与绵州同。青城县有散茶、木茶），**邛州[67]次，雅州[68]、泸州[69]下**（雅州百丈山、名山[70]，泸州泸川[71]者，与金州同也），**眉州[72]、汉州[73]又下**（眉州丹棱县生铁山[74]者，汉州绵竹县[75]生竹山[76]者，与润

zhōu tóng
州同）。

zhè dōng yǐ yuè zhōu shàng yú yáo xiàn shēng pù bù
浙东[77]，以越州[78]上（余姚县生瀑布
quán lǐng yuē xiān míng dà zhě shū yì xiǎo zhě yǔ xiāng zhōu
泉岭[79]曰仙茗，大者殊异，小者与襄州
tóng míng zhōu wù zhōu cì míng zhōu mào xiàn shēng
同），明州[80]、婺州[81]次（明州贸县[82]生
yú jiā cūn wù zhōu dōng yáng xiàn dōng bái shān yǔ jīng zhōu
榆荚村[83]，婺州东阳县东白山[84]与荆州
tóng tāi zhōu xià tāi zhōu shǐ fēng xiàn shēng chì chéng
同），台州[85]下（台州始丰县生赤城[86]
zhě yǔ shè zhōu tóng
者，与歙州同）。

qián zhōng shēng sī zhōu bō zhōu fèi zhōu
黔中[87]，生思州[88]、播州[89]、费州[90]、
yí zhōu
夷州[91]。

jiāng nán shēng è zhōu yuán zhōu jí zhōu
江南[92]，生鄂州[93]、袁州[94]、吉州[95]。

lǐng nán shēng fú zhōu jiàn zhōu sháo zhōu xiàng
岭南[96]，生福州[97]、建州[98]、韶州[99]、象
zhōu fú zhōu shēng mǐn xiàn fāng shān zhī yīn yě
州[100]。（福州生闽县方山[101]之阴也）

qí sī bō fèi yí è yuán jí fú
其思、播、费、夷、鄂、袁、吉、福、

jiàn sháo xiàng shí yī zhōu wèi xiáng wǎng wǎng dé zhī qí
建、韶、象十一州未详，往往得之，其

wèi jí jiā
味极佳。

注　释

1. 山南：唐贞观十道之一，因在终南、太华二山之南，故名。其辖境相当于今四川嘉陵江流域以东，陕西秦岭、甘肃嶓冢山以南，河南伏牛山西南，湖北涢水以西，重庆至湖南岳阳之间的长江以北地区。开元间分为东、西两道。按：唐贞观元年（627），分全国为十道：关内、河南、河东、河北、山南、陇右、淮南、江南、剑南、岭南，政区为道、州、县三级。开元二十一年（733），增为十五道：京畿、关内、都畿、河南、河东、河北、山南东道、山南西道、陇右、淮南、江南西道、江南东道、黔中、剑南、岭南。天宝初，州改称郡，前后又将一些道划分为几个节度使（或观察使、经略使）管辖，今称为方镇。乾元元年（758），又改郡为州。

2. 峡州上：峡州，一名硖州，因在三峡之口而得名，郡名夷陵郡，治所在夷陵县（今湖北宜昌）。辖今湖北宜昌市及宜都、长阳、远安等县。《新唐书·地理志》载土贡茶。唐杜佑《通典》载："土贡茶芽二百五十斤。"出产的名茶有碧涧、明月、芳蕊、茱萸簝、小江园茶。上，与下文的次、下、又下，是陆羽所评各州茶叶质量的四个等级，唐裴汶《茶述》把碧涧茶列为全国第二类贡品。

3. 远安、宜都、夷陵三县：皆是唐峡州属县。远安县，在今湖北远安县。宜都县，在今湖北宜都市。夷陵县，唐朝峡州州治之所在，在今湖北宜昌市东南。

4. 襄州：隋襄阳郡，唐武德四年（621）改为襄州，领襄阳、安养、汉南、义清、南漳、常平六县，治襄阳县（在今湖北襄阳市汉水南襄阳城）。天宝初改为襄阳郡，十四载（631）置防御使。乾元初复为襄州。上元二年（761）置襄州节度使，领襄、邓、均、房、金、商等州。自后为山南东道节度使治所。

5. 荆州：又称江陵郡，后升为江陵府。详见《六之饮》荆州注。唐乾元间（758—759），置荆南节度使，统辖许多州郡。除江陵县产茶外，所属当阳县清溪玉泉山产仙人掌茶，松滋县也产碧涧茶，北宋列为贡品。

6. 南漳：约在今湖北省西北部的南漳县。

7. 江陵县：唐时荆州州治之所在，在今湖北江陵县。

8. 衡州：隋衡山郡。武德四年（621），置衡州，领临蒸、湘潭、耒阳、新宁、重安、新城六县，治衡阳县（武德四年至开元二十年名为临蒸县），在今湖南衡阳市。天宝初改为衡阳郡。乾元初复为衡州。按：衡州在唐代前期由江陵都督府统管，江陵属山南道，故陆羽把衡州列为此道。至德以后，改属江南西道。

9. 衡山：约在今湖南衡山。原属潭州，后划入衡州。唐时县治在今朱亭镇对岸。唐李肇《唐国史补》卷下载名茶中“湖南有衡山”，唐杨晔《膳夫经手录》载衡山茶运销两广及越南，唐裴汶《茶述》把衡山茶列为全国第二类贡品。

10. 金州：唐武德年间改西城郡为金州，治西城县（今陕西安康）。辖境相当于今陕西石泉县以东、旬阳县以西的汉水流域。天宝初改为安康郡，至德二载（757）改为汉南郡，乾元元年（758）复为金州。《新唐书·地理志》载金州土贡茶芽。唐杜佑《通典》卷六载金州土贡“茶芽一斤”。

11. 梁州：唐属山南道，治南郑县（今陕西汉中市东）。辖境相当于今陕西汉中、南郑、城固、勉县及宁强县北部地区。开元十三年（725）改梁州为褒州，天宝初改为汉中郡，乾元初复为梁州，兴元元年（784）升为兴元府。《新唐书·地理志》载土贡茶。

12. 西城、安康：西城，汉置县，到唐代地名未变，唐代金州治所，即今陕西安康市。安康，唐代金州属县，在今陕西汉阴县。汉安阳县，西晋改名安康县，到唐前期未变更。至德二载（757），改称汉阴县。

13. 褒城、金牛：褒城，唐贞观三年（629）改褒中为褒城县，在今陕西汉中市西北。底本作“襄城”，隶河南道许州，即今河南襄城县，不属山南道梁州，而且不产茶。显系“褒”“襄”形近之误。金牛，唐武德三年（620）以县置褒州，析利州之绵谷置金牛县，八年州废，改隶梁州。宝历元年（825），并入西县（今陕西勉县）为镇。

14. 淮南：唐代贞观十道、开元十五道之一，因在淮河以南为名，其辖境在今淮河以南、长江以北，东至湖北广水、汉阳一带地区，相当于今江苏北部、安徽省与河南省的南部、湖北省东部，治所在扬州（今江苏扬州）。

15. 光州：唐属淮南道，武德三年（620）改弋阳郡为光州，治光山县，太极元年（712）移治定城县（今河南潢川）。天宝初复为弋阳郡，乾元初又改光州。辖境相当于今河南潢川、光山、固始、商城、新县一带。

16. 光山县：隋开皇十八年（598）置县为光州治，即今河南光山县。

17. 义阳郡：唐初改隋义阳郡为申州，辖区大大缩小，相当于今河南信阳市及市辖罗山县。天宝初又改称义阳郡。乾元初复称申州。《新唐书·地理志》载土贡茶。

18. 舒州：唐武德四年（621）改同安郡置，治所在怀宁县（今安徽潜山），辖今安庆市区、太湖、潜山、宿松、望江、桐城、枞阳、岳西、怀宁诸县。天

宝初复为同安郡，至德年间改为盛唐郡，乾元初复为舒州。据唐李肇《唐国史补》卷下记载，舒州茶已于780年以前运销吐蕃（今西藏）。

19. 义阳县钟山：义阳县，唐时属申州，在今河南信阳市南。钟山，山名，在信阳东十八里。

20. 太湖县潜山：太湖县，唐时属舒州，即今安徽太湖县。潜山，山名，北宋乐史《太平寰宇记》卷一二五："潜山在县西北二十里，其山有三峰，一天柱山，一潜山，一皖（wǎn）山。"

21. 寿州：唐武德三年（620）改隋寿春郡为寿州，治寿春县（今安徽寿县）。天宝初又改寿春郡。乾元初复称寿州。辖今安徽寿县、六安、霍邱、霍山县一带。《新唐书·地理志》载土贡茶。唐裴汶《茶述》把寿阳茶列为全国第二类贡品。唐李肇《唐国史补》卷下载寿州茶已于780年以前运销吐蕃。

22. 盛唐县生霍山：盛唐县，原为霍山县，唐开元二十七年（739）改名盛唐县，并移县治于驺虞城，即今安徽六安市。天宝元年（742），又另设霍山县。此处霍山为山名，在霍山县西北五里，又名天柱山。在唐代霍山因产茶量大而著名，称为"霍山小团""黄芽"。

23. 蕲州：唐武德四年（621）改隋蕲春郡为蕲州，治蕲春（今湖北蕲春县一带），天宝初改为蕲春郡，乾元初复为蕲州。辖今湖北蕲春、浠水、黄梅、广济、英山、罗田县地。《新唐书·地理志》载土贡茶。另，唐裴汶《茶述》把蕲阳茶列为全国第一类贡品；唐李肇《唐国史补》卷下载名茶有"蕲门团黄"，曾运销吐蕃。

24. 黄州：唐初改隋永安郡为黄州，治黄冈县（今湖北武汉新洲区）。天宝初改为齐安郡，乾元初复为黄州。辖今湖北黄冈、麻城、黄陂、红安、大悟、新洲。

25. 黄梅县：隋开皇十八年（598）改新蔡县置，唐沿之，唐李吉甫《元和郡县图志》卷二八称其“因县北黄梅山为名”。即今湖北黄梅县。

26. 麻城县：隋开皇十八年（598）改信安县置，唐沿之。即今湖北麻城市。

27. 浙西：唐贞观、开元间分属江南道、江南东道。至德二载（757），置浙江西道、浙江东道两节度使方镇，并将江南西道的宣、饶、池州划入浙西节度。浙江西道简称浙西。大致辖今安徽、江苏两省长江以南、浙江富春江以北以西、江西鄱阳湖东北角地区。节度使驻润州（今江苏镇江）。

28. 湖州：隋仁寿二年（602）置，大业初废。唐武德四年（621）复置，治乌程县（在今浙江湖州市城区）。辖境相当于今浙江湖州市、长兴、安吉、德清县东部地区。天宝初改为吴兴郡，乾元初复为湖州。《新唐书·地理志》载土贡紫笋茶。唐杨晔《膳夫经手录》：“湖州紫笋茶，自蒙顶之外，无出其右者。”

29. 长城县顾渚山：长城县，今浙江长兴县。隋大业末置长州，唐武德四年（621）更置绥州，又更名雉州，七年州废，以长城属湖州。五代梁改名长兴县，与今名同。顾渚山，唐代又称顾山。唐李吉甫《元和郡县图志》载：“（长城县）顾山，县西北四十二里。贞元以后，每岁以进奉顾山紫笋茶，役工三万人，累月方毕。”《新唐书·地理志》：“顾山有茶，以供贡。”唐裴汶《茶述》把它与蒙顶、蕲阳茶同列为全国上等贡品。唐李肇《唐国史补》将其列为全国名茶，并载其运销吐蕃。

30. 山桑、儒师二坞：长兴县的两个小地名，唐皮日休《茶籝》诗有曰：“筤篣晓携去，蓦个山桑坞。”《茶人》诗有曰：“果任獳（rú）师虏。”

31. 白茅山悬脚岭：白茅山，茅，同“茆”，白茅山即白茆山，同治《湖州府志》卷一九记其在长兴县西北七十里。悬脚岭，在今浙江长兴县西北。悬脚岭是长兴与宜兴分界处，境会亭即在此。

32. 生凤亭山，伏翼阁飞云、曲水二寺，啄木岭：凤亭山，《明一统志》载其“在长兴县西北五十里，相传昔有凤栖于此”。伏翼阁，《明一统志》载长兴县有伏翼涧，“在长兴县西三十九里，涧中多产伏翼”。按：涧、阁字形相近，伏翼阁或为伏翼涧之误。飞云，即飞云寺，在长兴县飞云山，南朝宋元徽五年（477）置飞云寺。曲水，不详。唐人刘商有《曲水寺枳实》诗。啄木岭，《吴兴掌故集》言其在“（长兴）县西北六十里，山多啄木鸟”。

33. 安吉、武康：安吉，唐初属桃州，旋废。麟德元年（664）再置，属湖州。在今浙江湖州安吉县。武康，三国吴分乌程、余杭二县立永安县。晋改为永康，又改为武康。武德四年（621）置武州，七年州废，县属湖州。

34. 常州：唐武德三年（620）改毗陵郡为常州，治晋陵县（今江苏常州）。垂拱二年（686）又分晋陵县西界置武进县，同为州治。天宝初改为晋陵郡，乾元初复为常州。辖境相当于今江苏常州、武进、无锡、宜兴、江阴等地。《新唐书·地理志》载土贡紫笋茶。

35. 义兴县：汉阳羡县，唐属常州，即今江苏宜兴市。常州所贡茶即宜兴紫笋茶，又称阳羡紫笋茶。《唐义兴县重修茶舍记》载，御史大夫李栖筠为常州刺史时，“山僧有献佳茗者，会客尝之，野人陆羽以为芬香甘辣，冠于他境，可荐于上。栖筠从之，始进万两，此其滥觞也”。大历间，遂置茶舍于罨（yǎn）画溪。唐裴汶《茶述》把义兴茶列为全国第二类贡品。

36. 君山：在唐宜兴县南二十里，旧名荆南山，在荆溪之南。

37. 善权寺：唐羊士谔有《息舟荆溪入阳羡南山游善权寺呈李功曹巨》诗：“结缆兰香渚，挈侣上层冈。”宜兴丁蜀镇有兰渚，位于县东南。善权，相传是尧舜时的隐士。

38. 石亭山：宜兴城南一小山，明王世贞《石亭山居记》记其在“城南之五里……其高与延袤皆不能里计”。

39. 宣州：唐武德三年（620）改宣城郡为宣州，治宣城县（今安徽宣城宣州区），辖境相当于今安徽长江以南，郎溪、广德以西，旌德以北，东至以东地。

40. 杭州：隋开皇九年（589）置，唐因之，治钱塘（今浙江杭州）。隋大业及唐天宝、至德间尝改余杭郡。辖境相当于今浙江杭州、余杭、临安、海宁、富阳等地。

41. 睦州：唐武德四年（621）改隋遂安郡为睦州，万岁通天二年（697）移治建德县（今浙江建德东北五十里梅城镇），辖境相当于今浙江淳安、建德、桐庐等市县地。天宝元年（742）改称新定郡。乾元元年（758）复为睦州。《新唐书·地理志》载土贡细茶。唐李肇《唐国史补》卷下载名茶中“睦州有鸠坑”。鸠坑在淳安县西新安江畔。

42. 歙州：唐武德四年（621）改隋新安郡为歙州，治歙县（今安徽歙县）。天宝初改称新安郡。乾元初复为歙州。辖境相当于今安徽新安江流域、祁门和江西婺源等地。唐杨晔《膳夫经手录》载有“新安含膏”“先春含膏”，并说：“歙州、婺州、祁门、婺源方茶，制置精好，不杂木叶，自梁、宋、幽、并间，人皆尚之。赋税所入，商贾所赍，数千里不绝于道路。”

43. 雅山：又写作“鸦山”“鸭山”“丫山”“鵶山”，唐杨晔《膳夫经手录》：“宣州鸭山茶，亦天柱之亚也”，五代毛文锡《茶谱》云“宣城有丫山小方饼”。北宋乐史《太平寰宇记》卷一〇三记宁国县“鸦山出茶尤为时贡，《茶经》云味与蕲州同”。

44. 太平县：唐天宝十一载（752）分泾县西南十四乡置，属宣城郡。乾元初属宣州，大历中废，永泰中复置。即今安徽黄山市黄山区。

45. 上睦、临睦：太平县二地名。舒溪（青弋江上游）的东源出自黄山主峰南麓，绕至东面北流，入太平县境，称为睦溪。上睦在黄山北麓，临睦在其北。

46. 临安、於潜：临安，西晋始置，隋省，唐垂拱四年（688）复置，属杭州，即今杭州临安。於潜，汉始置，唐属杭州，县城在今浙江临安西六十余里於潜镇，清末尚有此县，现已并入临安。

47. 天目山：因山有两峰，峰顶各一池，左右相对，名曰天目。天目山脉横亘于浙西北、皖东南边境。有两高峰，即东天目山和西天目山，海拔都在一千五百米左右，东天目山在临安县西北五十余里，西天目山在旧於潜县北四十余里。

48. 钱塘生天竺、灵隐：钱塘，南朝时改钱唐县置，隋开皇十年（590）为杭州治，大业初为余杭郡治，唐初复为杭州治，在今浙江杭州市。灵隐，即灵隐寺，在今杭州市西十五里灵隐山下（西湖西）。南面有天竺山，其北麓有天竺寺，后世分建上、中、下三寺，下天竺寺在灵隐飞来峰。陆羽曾到过杭州，撰写有《天竺、灵隐二寺记》。

49. 桐庐县：三国吴始置为富春县，唐武德四年（621）为严州治，七年州废，仍属睦州，即今浙江杭州桐庐县。

50. 婺源：唐开元二十八年（740）置，属歙州，治所在今江西婺源西北清华镇。

51. 润州：隋开皇十五年（595）置，大业三年（607）废。唐武德三年（620）复置，治丹徒县（今江苏镇江）。天宝元年（742）改为丹阳郡。乾元元年（758）复为润州。建中三年（782）置镇海军。辖境相当于今江苏南京、句容、镇江、丹徒、丹阳、金坛等地。

52. 苏州：隋开皇九年（589）改吴州置，治吴县（今江苏苏州市西南横山东）。以姑苏山得名。大业初复为吴州，寻又改为吴郡。唐武德四年（621）复为苏州，七年徙治今苏州市。开元二十一年（733）后，为江南东道治所。天宝元年（742）复为吴郡。乾元后仍为苏州。辖境相当于今江苏苏州市、常熟、昆山、吴江、太仓，浙江嘉兴、海盐、嘉善、平湖、桐乡，以及上海市大部分。

53. 江宁县：西晋太康二年（281）改临江县置，唐武德三年（620）改名为归化县，贞观九年（635）复改白下县为江宁县，属润州。至德二载（757）为江宁郡治，乾元元年（758）为升州治，上元二年（675）改为上元县。在今江苏南京江宁区。

54. 傲山：不详。

55. 长洲县：唐武则天万岁通天元年（696）分吴县置，与吴县并为苏州治。1912 年并入吴县。相当于今苏州吴中区、相城区。

56. 洞庭山：又称包山，系太湖中的小岛。

57. 剑南：唐贞观十道、开元十五道之一，以在剑门山以南为名。辖境包括现在四川省的大部和云南、贵州、甘肃省的部分地区。采访使驻益州（治成都）。乾元以后，曾分为剑南西川、剑南东川两节度使方镇，但不久又合并。

58. 彭州：唐垂拱二年（686）置，治九陇县（在今四川彭州）。天宝初改为蒙阳郡。乾元初复为彭州。辖境相当于今四川彭州、都江堰等地。

59. 生九陇县马鞍山至德寺、棚口：九陇县，唐彭州州治，即今四川彭州。马鞍山，南宋祝穆《方舆胜览》载彭州西有九陇山，其五曰走马陇，或即《茶经》所言马鞍山。至德寺，《方舆胜览》载彭州有至德山，寺在山中。棚口，一作“堋口”，堋口茶，唐代已著名，五代毛文锡《茶谱》云：“彭州有蒲村、堋口、灌口，其园名仙崖、石花等，其茶饼小而布嫩芽如六出花者尤妙。”

60. 绵州：隋开皇五年（585）改潼州置，治巴西县（今四川绵阳市涪江东岸）。大业三年（607）改为金山郡。唐武德元年（618）改为绵州，天宝元年（742）改为巴西郡。乾元元年（758）复为绵州。辖境相当于今四川罗江上游以东、潼河以西江油、绵阳间的涪江流域。

61. 蜀州：唐垂拱二年（686）析益州置，治晋原县（今四川崇州市）。天宝初改为唐安郡。乾元初复为蜀州。辖境相当于今四川崇州、新津等市县。蜀州名茶有雀舌、鸟觜、麦颗、片甲、蝉翼，都是散茶中的上品。

62. 龙安县：唐武德三年（620）置，属绵州。在今四川绵阳市安州区。天宝初属巴西郡，乾元以后属绵州。以县北有龙安山为名。五代毛文锡《茶谱》："龙安有骑火茶，最上，言不在火前、不在火后作也。清明改火。故曰骑火。"

63. 松岭关：唐杜佑《通典》记其在龙安县"西北七十里"。唐初设关，开元十八年（730）废。松岭关在绵、茂、龙三州边界，是川中入茂汶、松潘的要道。唐时有茶川水，是因产茶为名，源出松岭南，至龙安县与龙安水合。

64. 西昌、昌明、神泉：西昌，唐永淳元年（682）改益昌县置，属绵州，治所在今四川绵阳市安州区东南四十里花荄镇。天宝初属巴西郡，乾元以后属绵州。北宋熙宁五年（1072）并入龙安县。昌明，唐先天元年（712）因避讳改昌隆县置，属绵州，治所在今四川江油市南彰明镇。天宝初属巴西郡，乾元以后复属绵州。地产茶，唐白居易《春尽日》诗曰"渴尝一碗绿昌明"。唐李肇《唐国史补》卷下载名茶有昌明兽目，并说昌明茶已于780年以前运往吐蕃。神泉，隋开皇六年（586）改西充国县置，以县西有泉十四穴，平地涌出，治病神效，称为神泉，并以名县。唐因之，属绵州，治所在今四川绵阳市安州区南五十里塔水镇。天宝初属巴西郡，乾元以后复属绵州。元代并入安州。地产茶，唐李肇《唐国史补》卷下："东川有神泉小团、昌明兽目。"

65. 西山：神泉县的山脉。

66. 青城县生丈人山：青城县，唐开元十八年（730）改清城县置，属蜀州，治所在今四川都江堰市（旧灌县）东南徐渡乡杜家墩子，因境内有著名的青城山为名。丈人山，青城山有三十六峰，丈人峰是主峰。

67. 邛州：南朝梁始置，隋废，唐武德元年（618）复置，初治依政县，显庆二年（657）移治临邛县（今四川邛崃）。天宝初改为临邛郡，乾元初复为邛州。辖境相当于今四川邛崃、大邑、蒲江等市县地。地产茶，五代毛文锡《茶谱》载："邛州之临邛、临溪、思安、火井，有早春、火前、火后、嫩绿等上、中、下茶。"

68. 雅州：隋仁寿四年（604）始置，大业三年（607）改为临邛郡。唐武德元年（618）复改雅州，治严道县（今四川雅安市西），辖境相当于今四川雅安、芦山、名山、荥经、天全、宝兴等市县地。天宝初改为卢山郡，乾元初复为雅州。开元中置都督府。地产茶，《新唐书·地理志》载土贡茶。《元和郡县图志》载："蒙山在（严道）县南十里，今每岁贡茶，为蜀之最。"所产蒙顶茶与顾渚紫笋茶是唐代最著名的茶。唐杨晔《膳夫经手录》说："元和以前，束帛不能易一斤先春蒙顶。"唐裴汶《茶述》把蒙顶茶列为全国第一流贡茶之一。蒙山是邛崃山脉的尾脊，有五峰，在名山县西。

69. 泸州：南朝梁大同中置，隋改为泸川郡。唐武德元年（618）复为泸州，治泸川县（今四川泸州）。天宝初改泸川郡，乾元初复为泸州。辖境相当于今四川沱江下游及长宁河、永宁河、赤水河流域。

70. 百丈山、名山：百丈山，在名山县东北六十里。唐武德元年（618）置百丈镇，贞观八年（634）升为县。名山，一名蒙山、鸡栋山，《元和郡县图志》载：名山在名山县西北十里，县以此名。百丈山、名山皆产茶，五代毛文锡《茶谱》言"雅州百丈、名山二者尤佳"。

71. 泸川：泸川县，隋大业元年（605）改江阳县置，为泸州州治所在，三年（607）为泸川郡治。唐武德元年（618）为泸州治。在今四川泸州市。

72. 眉州：西魏始置，隋废。唐武德二年（619）复置，治通义县（今四川眉山市东坡区）。天宝初改为通义郡，乾元初复为眉州。辖境相当于今四川眉山、彭山、丹棱、青神、洪雅市县地。地产茶，五代毛文锡《茶谱》言其饼茶如蒙顶制法，而散茶叶大而黄，味颇甘苦。

73. 汉州：唐垂拱二年（686）分益州置，治雒县（今四川广汉）。辖境相当于今四川广汉、德阳、什邡、绵竹、金堂等市县地。天宝初改德阳郡，乾元初复为汉州。

74. 丹棱县生铁山：丹棱县，隋开皇十三年（593）改洪雅县置，属嘉州，唐武德二年（619）属眉州，治所即在今四川丹棱县。铁山，即铁桶山，在丹棱县东南四十里。

75. 绵竹县：隋大业二年（606）改孝水县为绵竹县（今四川绵竹）。唐武德三年（620）属蒙州，蒙州废，改属汉州。

76. 竹山：应为绵竹山，又名紫岩山、武都山。

77. 浙东：唐代浙江东道节度使方镇的简称。乾元元年（758）置，治所在越州（今浙江绍兴），长期领有越、衢、婺、温、台、明、处七州，辖境相当于今浙江省衢江流域、浦阳江流域以东地区。

78. 越州：隋大业元年（605）改吴州置，大业间改为会稽郡，唐武德四年（621）复为越州，天宝、至德间曾改为会稽郡，乾元元年（758）复改越州。辖境相当于今浙江浦阳江（浦江县除外）、曹娥江、甬江流域，包括绍兴、余姚、上虞、嵊州、诸暨、萧山等地。唐剡溪茶甚著名，产于所属嵊州市。

79. 瀑布泉岭：在余姚，与《四之器》“瓢”条下台州瀑布山非一。

80. 明州：唐开元二十六年（738）分越州置，治鄮县（今浙江宁波海曙区鄞江镇），唐李吉甫《元和郡县图志》卷二十六载“以境内四明山为名”。辖境相当于今浙江宁波、鄞州区、慈溪、奉化等地和舟山群岛。天宝初改为余姚郡，乾元初复为明州。长庆元年（821）迁治今宁波市。

81. 婺州：隋开皇九年（589）分吴州置，大业时改为东阳郡。唐武德四年（621）复置婺州，治金华（即今浙江金华）。辖境相当于今浙江金华江流域及兰溪、浦江诸市县地。天宝元年（742）改为东阳郡，乾元元年（758）复为婺州。地产茶，唐杨晔《膳夫经手录》记婺州茶与歙州等茶远销河南、河北、山西，数千里不绝于道路。

82. 贸县：为宁波之古称。秦置县。昔海人贸易于此，后加邑从鄮，因以名县。隋废省，唐武德八年（625）复置，属越州，治今浙江鄞县西南四十二里鄞江镇。开元二十六年（738）为明州治。大历六年（771）迁治今浙江宁波市。五代钱镠避梁讳，改名鄞县。

83. 榆筴村：不详。

84. 东阳县东白山：东阳县，唐垂拱二年（686）析义乌县置，属婺州，治所即今浙江东阳市。东白山，《明一统志》记其“在东阳县东北八十里，……西有西白山对焉”。东白山产茶，唐李肇《唐国史补》卷下载“婺州有东白”。

85. 台州：唐武德五年（622）改海州置，治临海县（即今浙江临海）。以境内天台山为名。辖境相当于今浙江临海、台州及天台、仙居、宁海、象山、三门、温岭等地。天宝初改临海郡，乾元初复为台州。

86. 始丰县生赤城：始丰县，西晋始置，隋废。唐武德四年（621）复置，八年又废。贞观八年（634）再置，属台州，治所即今浙江天台县。以临始丰水为名。直至肃宗上元二年（761）始改称唐兴县。赤城，赤城山，在今浙江天台县西北六里。孔灵符《会稽记》曰："赤城山，土色皆赤，岩岫连沓，状似云霞。"

87. 黔中：唐开元十五道之一，唐开元二十一年（733）分江南道西部置。采访使驻黔州（治今重庆彭水县）。大致辖今湖北清江中上游、湖南沅江上游，贵州毕节、桐梓、金沙、晴隆等市县以东，重庆綦江、彭水、黔江，以及广西东兰、凌云、西林、南丹等区县。

88. 思州：黔中道属州，唐贞观四年（630）改务州置，天宝初改宁夷郡，乾元初复为思州。治务川县（在今贵州沿河县东）。辖境相当于今贵州沿河县、务川县、印江县和重庆酉阳县地。

89. 播州：黔中道属州，唐贞观十三年（639）置，治恭水县（在今贵州遵义），以其地有播川为名。辖境相当于今贵州遵义市县及桐梓县地。

90. 费州：黔中道属州，北周始置，唐贞观十一年（637）时治涪川县（今贵州思南）。天宝初改为涪川郡，乾元初复为费州。辖境相当于今贵州德江、思南县地。

91. 夷州：黔中道属州，唐武德四年（621）置，治绥阳（今贵州凤冈）。贞观元年（627）废，四年复置。辖境相当于今贵州凤冈、绥阳、湄潭等县地。

92. 江南：江南道，唐贞观十道之一，因在长江之南而名。其辖境相当于今浙江、福建、江西、湖南等省，江苏、安徽的长江以南地区，以及湖北、重庆长江以南一部分和贵州东北部地区。

93. 鄂州：隋始置，后改江夏郡。唐武德四年（621）复为鄂州，治江夏县（今湖北武汉市武昌城区）。天宝初改为江夏郡，乾元初复为鄂州。辖境相当于今湖北赤壁市以东，阳新县以西，武汉市长江以南，幕阜山以北地。地产茶，唐杨晔《膳夫经手录》说，鄂州茶与蕲州茶、至德茶产量很大，销往河南、河北、山西等地，茶税倍于浮梁。

94. 袁州：隋始置，后改宜春郡。唐武德四年（621）复改袁州，因袁山为名，治宜春（今江西宜春）。天宝初改为宜春郡，乾元初复为袁州。辖境相当于今江西萍乡和新余以西的袁水流域。地产茶，五代毛文锡《茶谱》曰："袁州之界桥（茶），其名甚著。"

95. 吉州：唐武德五年（622）改隋庐陵郡置，治庐陵（在今江西吉安）。天宝初改为庐陵郡，乾元初复为吉州。辖境相当于今江西新干、泰和间的赣江流域及安福、永新等县地。

96. 岭南：岭南道，唐贞观十道、开元十五道之一，因在五岭之南得名，采访使驻南海郡番禺（今广东广州）。辖境相当于今广东、广西、海南三省区，云南南盘江以南及越南的北部地区。

97. 福州：唐开元十三年（725）改闽州置，因州西北福山为名，治闽县（即今福建福州）。天宝元年改称长乐郡，乾元元年复称福州。为福建节度使治。辖境相当于今福建尤溪县北尤溪口以东的闽江流域和古田、屏南、福安、福鼎等市县以东地区。《新唐书·地理志》载其地产土贡茶。

98. 建州：唐武德四年（621）置，治建安县（今福建建瓯）。天宝初改建安郡。乾元初复为建州。辖境相当于今福建南平以上的闽江流域（沙溪中上游除外）。地产茶，北宋张舜民《画墁录》言："贞元中，常衮为建州刺史，始蒸焙而研之，谓研膏茶。"延至唐末，建州北苑茶最为著名，成为五代南唐和北宋的主要贡茶。

99. 韶州：隋始置又废，唐贞观元年（627）复改东衡州，取州北韶石为名，治曲江县（今广东韶关市南十里武水之西）。天宝初改称始兴郡。乾元初复为韶州。辖境相当于今广东曲江、翁源、乳源以北地区。

100. 象州：隋始置又废，唐武德四年（621）复置，治今广西象州县。天宝初改象山郡。乾元初复为象州。辖境相当于今广西象州、武宣等县地。

101. 闽县方山：闽县，隋开皇十二年（592）改原丰县置，初为泉州、闽州治，开元十三年（725）改为福州治。天宝初为长乐郡治，乾元初复为福州治。方山，在福州闽县（今福建福州），周回一百里，山顶方平，因号方山。方山产茶，唐李肇《唐国史补》卷下载“福州有方山之露芽”。

译　文

山南，峡州所产的茶为最好（峡州出产于远安、宜都、夷陵三县的山谷），襄州、荆州所产茶为次好（襄州产于南漳县山谷，荆州产于江陵县山谷），衡州所产茶差些（产于衡山、茶陵二县山谷），金州、梁州茶又差一些（金州产于西城、安康二县山谷，梁州产于褒城、金牛二县山谷）。

淮南，以光州所产的茶为最好（光州光山县黄头港的茶，与峡州茶品质相同），义阳郡、舒州所产茶为次好（申州义阳县钟山所产茶与襄州茶同，舒州太湖县潜山所产茶与荆州茶同），寿州所产茶差些（寿州盛唐县霍山茶与衡山茶同），蕲州、黄州茶又差一些（蕲州产于黄梅县山谷，黄州产于麻城县山谷，均与金州、梁州相同）。

浙西，以湖州所产的茶为最好（湖州产于长城县顾渚山谷的茶，与峡州、光州同；产于山桑、儒师二坞、白茅山、悬脚岭的茶，与襄州、荆州、义阳郡同；产于凤亭山、伏翼阁、飞云、曲水二寺、啄木岭的茶，与寿州、衡州同；产于安吉、武康二县山谷的茶，与金州、梁州同），常州所产茶为次好（常州产于义兴县君山悬脚岭北峰下的茶，与荆州、义阳郡同；产于圈岭善权寺、石亭山的茶，与舒州同），宣州、杭州、睦州、歙州所产茶差些（宣州宣城县雅山茶，与蕲州同；太平县上睦、临睦产的茶，与黄州同；杭州临安、於潜二县天目山所产茶，与舒州同；钱塘县天竺、灵隐二寺的茶，睦州桐庐县山谷所产茶，歙州婺源山谷所产茶，与衡州同），润州、苏州所产茶又差一些（润州江宁县傲山所产茶，苏州长洲县洞庭山所产茶，与金州、蕲州、梁州同）。

剑南，以彭州所产的茶为最好（九陇县马鞍山、至德寺、棚口所产茶，与襄州同），绵州、蜀州所产茶为次好（绵州龙安县松岭关所产茶，与荆州同；而西昌、昌明、神泉县西山所产茶一样好，过了松岭茶就不值得采了。蜀州青城县丈人山所产茶，与绵州同。青城县有散茶、木茶），邛州、雅州、泸州所产茶差些（雅州百丈山、名山所产茶，泸州泸川所产茶，与金州同），眉州、汉州所产茶又差一些（眉州丹棱县铁山所产茶，汉州绵竹县竹山所产茶，与润州同）。

浙东，以越州所产的茶为最好（余姚县瀑布泉岭茶称为仙茗，大叶茶非常特殊，小叶茶与襄州同），明州、婺州所产茶为次好（明州贸县榆筴村所产茶，婺州东阳县东白山所产茶，与荆州同），台州所产茶差些（台州始丰县赤城山所产的茶，与歙州同）。

黔中，出产于恩州、播州、费州、夷州。

江西，出产于鄂州、袁州、吉州。

岭南，出产于福州、建州、韶州、象州。（福州茶出产于闽县方山的北面）

对于上述思、播、费、夷、鄂、袁、吉、福、建、韶、象这十一州所产的茶，具体情况还不大清楚，常常能够得到一些，品尝一下，觉得味道非常之好。

扫一扫 跟我读

九之略

其造具，若方春禁火[1]之时，于野寺山园，丛手而掇[2]，乃蒸，乃舂，乃炀，以火干之，则又[3]棨、扑、焙、贯、棚、穿、育等七事皆废[4]。

其煮器，若松间石上可坐，则具列废。用槁薪、鼎[5]鬲[6]之属，则风炉、灰

chéng tàn zhuā huǒ jiā jiāo chuáng děng fèi ruò kàn quán lín
承、炭檛、火筴、交床等废。若瞰泉临

jiàn zé shuǐ fāng dí fāng lù shuǐ náng fèi ruò wǔ rén yǐ
涧，则水方、涤方、漉水囊废。若五人已

xià chá kě mò ér jīng zhě zé luó hé fèi ruò yuán lěi
下，茶可末而精者[7]，则罗合废。若援藟[8]

jī yán yǐn gēng rù dòng yú shān kǒu zhì ér mò zhī huò
跻岩，引絙[9]入洞，于山口炙而末之，或

zhǐ bāo hé zhù zé niǎn fú mò děng fèi jì piáo wǎn
纸包合贮，则碾、拂末等废。既瓢、碗、

zhú jiā zhá shú yú cuó guǐ xī yǐ yī jǔ chéng zhī zé
竹筴、札、熟盂、鹾簋悉以一筥盛之，则

dū lán fèi
都篮废。

dàn chéng yì zhī zhōng wáng gōng zhī mén èr shí sì qì
但城邑之中，王公之门，二十四器[10]

quē yī zé chá fèi yǐ
阙一，则茶废矣。

注　释

1. 方春禁火：方，表示某种状态正在持续或某种动作正在进行，犹正。禁火，即寒食节，清明节前一日或二日，旧俗以寒食节禁火冷食。

2. 从手而掇：聚众手一起采摘茶叶。

3. 又：此字当为衍字。

4. 废：弃置不用。

5. 鼎：三足两耳的锅。

6. 鑑：同“鬲”，形状同鼎，有三足，可直接在其下生火，而不需炉灶。

7. 茶可末而精者：茶可以研磨得比较精细。

8. 藟：藤。

9. 絙：粗绳，通“緪”。

10. 二十四器：此处言二十四器，但在《四之器》中包括附属器共列出了二十九种。

译 文

关于造茶工具，如果正当春季清明前后寒食禁火之时，在野外寺庙或山间茶园，大家一齐动手采摘，当即就地蒸茶，舂捣，用火烘烤干，那么，棨、扑、焙、贯、棚、穿、育等七种制茶工具都可以省略。

关于煮茶器具，如果在松林之间，有石可以放置茶具，那么具列可以不用。如果用干柴枯叶及鼎鑑之类的锅来烧水，那么风炉、灰承、炭挝、火筴、交床等器具都可以弃置不用。若是在泉旁溪边煮茶，水方、涤方、漉水囊也可以省略。如果只有五个以下的人喝茶，茶又可碾成细末，就不必用罗合了。如果攀附藤蔓登上山岩，或拉着粗绳进入山洞，先在山口把茶烤好研细，或用纸包或盒子装好，那么，碾、拂末也可以不用。如果瓢、碗、竹筴、札、熟盂、鹾簋都可以盛放在一只竹筥中，那么都篮也可以省去。

但是，在城市之中，王公贵族之家，二十四种煮茶器具如果缺少一样，就算不上是真正的饮茶了。（茶道就不存在了）

扫一扫 跟我读

十之图[1]

以绢素[2]，或四幅[3]，或六幅，分布写之，陈诸座隅，则茶之源、之具、之造、之器、之煮、之饮、之事、之出、之略目击而存，于是《茶经》之始终备焉。

注 释

1. 十之图：图写张挂，不是专门有图。《四库总目提要》："其曰图者，乃谓统上九类写绢素张之，非别有图，其类十，其文实九也。"

2. 绢素：素色丝绢。

3. 幅：按唐令规定，绸织物一幅是一尺八寸。

译 文

用四幅或六幅素色丝绢，把上述内容全部抄写出来，张挂在座位旁边。这样，茶的起源、采制工具、制茶方法、煮饮器具、煮饮方法、茶事历史、产地以及茶具省略方法等内容，就可以随时看到，这样，《茶经》所有内容就真正完备了。